Inhalt

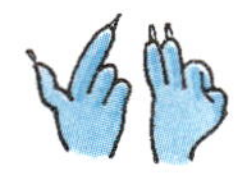

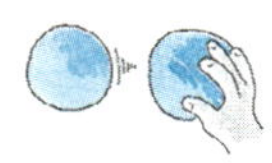

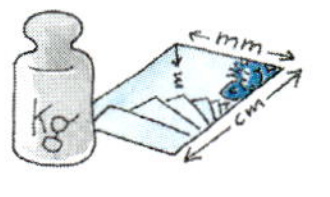

Hallo, liebe(r) ____ !
(Trage hier deinen Namen ein.)

In diesem Übungsbuch findest du alles, was du im 4. Schuljahr im Fach Mathematik wissen und können solltest. Du musst natürlich nicht das gesamte Buch durcharbeiten. Du kannst dir auch einfach das Thema aussuchen, was dir am meisten Schwierigkeiten bereitet.

Lies die einzelnen Aufgaben durch und notiere die Lösungen – falls dafür Leerzeilen vorgesehen sind – im Buch. Schreibe bei umfangreicheren Aufgaben den Lösungsweg vollständig auf, denn nur so kannst du bei der Kontrolle mit den Lösungen deine Rechen- und Denkfehler aufspüren.

Am Ende jedes Kapitels befindet sich ein **Test,** der dir zeigt, ob du den Stoff schon gut im Griff hast. Außerdem kannst du bei den **Zusammenfassungen** nachschlagen, was du dir zu einem bestimmten Thema merken solltest.

Du bist gut vorbereitet für den Wechsel auf die weiterführende Schule, wenn du das meiste von dem kannst, was in diesem Buch steht.

Ich wünsche dir viel Spaß und Erfolg!

Hans Bergmann

P.S. Wenn du **schriftlich subtrahierst**, gibt es immer zwei Möglichkeiten, das zu tun: abziehen oder ergänzen. Du findest deshalb auf den Seiten 40 bis 43 Aufgaben, mit denen du das **Ergänzen** üben und verstehen kannst. Auf den Seiten 44 bis 47 wiederholst du das Subtrahieren durch **Abziehen**. Übe einfach mit dem Verfahren, das du in der Schule gelernt hast.

In diesem Kapitel findest du eine Fülle von Aufgaben, die dazu dienen, deine Rechenfertigkeiten in Gang zu bringen bzw. in Schwung zu halten.
So arbeitest du mit magischen Quadraten, Tabellen, Verknüpfungstafeln und Kettenaufgaben. Außerdem wiederholst du, wie man sich das Rechnen durch Weglassen der Nullen, Zerlegen der Zahlen und Verändern der Aufgaben erleichtern kann.

Solche Aufgaben schaffst du im Kopf

1

a)	b)	c)
7 + 9 = ____	15 − 8 = ____	35 + 6 = ____
27 + 9 = ____	35 − 8 = ____	47 − 8 = ____
67 + 9 = ____	65 − 8 = ____	79 + 4 = ____
87 + 9 = ____	45 − 8 = ____	81 − 6 = ____

40 + 90 = 130
denke an: 4 + 9 = 13

150 − 70 = 80
denke an: 15 − 7 = 8

2

a)	b)	c)
70 + 60 = ____	160 − 90 = ____	30 + 80 = ____
80 + 90 = ____	120 − 50 = ____	140 − 70 = ____
50 + 60 = ____	110 − 40 = ____	40 + 90 = ____
60 + 70 = ____	170 − 80 = ____	110 − 50 = ____

540 + 70 = 610
denke an: 54 + 7 = 61

620 − 50 = 570
denke an: 62 − 5 = 57

3

a)	b)	c)
820 + 90 = ____	670 − 90 = ____	170 + 90 = ____
650 + 60 = ____	810 − 20 = ____	210 − 30 = ____
130 + 80 = ____	380 − 80 = ____	880 + 40 = ____
750 + 50 = ____	540 − 50 = ____	430 − 40 = ____

Wie magisch sind diese Quadrate?

1 Diese Quadrate besitzen merkwürdige Eigenschaften. Findest du sie?

4	9	2
3	5	7
8	1	6

15

a) 4 + 9 + 2 = 15 → Überprüfe die Summen in den anderen **Zeilen**.

b) 4 + 3 + 8 = 15 ↓ Welche Summen ergeben sich in den anderen **Spalten**?

c) 4 + 5 + 6 = 15 ↘ Kontrolliere die Summe in der zweiten **Diagonalen**.

In **magischen Quadraten** sind diese Summen immer gleich groß.

2 Überprüfe, welches dieser Quadrate **kein** magisches Quadrat ist.
Kannst du den Fehler berichtigen?

a)

8	13	6
7	9	11
12	5	10

27

b)

8	9	4
3	7	11
10	2	6

21

3 Jetzt sollst du unvollständige Quadrate zu magischen Quadraten ergänzen. Die Zahl unten rechts neben dem Quadrat gibt an, welche Summen sich jeweils in Zeilen, Spalten und Diagonalen ergeben.

Die beiden farbigen Felder in Quadrat a) kannst du sofort ergänzen. Berechne dann das Feld in der Diagonalen. Es ist nun leicht, die noch fehlenden Zahlen einzutragen.

a)

70		50
		90

240

b)

130		
	100	140

300

c)

		13
16	12	

36

d)

		13
	14	
		11

42

Rechnen in Tabellen

In diesen Tabellen kannst du leicht überprüfen, ob du richtig gerechnet hast: Es gibt eine Kontrollzahl.

In jeder Zeile und Spalte sollen hier die Zahlen addiert bzw. subtrahiert werden. Rechne so:

+ (Zeilen →, Spalten ↓)

5	9	14
7	8	15
12	17	29

5 + 9 = 14
+
7
=
12

Kontrollzahl: 29

− (Zeilen →, Spalten ↓)

60	25	35
20	9	11
40	16	24

60 − 25 = 35
−
20
=
40

Kontrollzahl: 24

1 Kontrolliere die Tabellen. In einer steckt ein Fehler. Berichtige ihn.

a) + →, + ↓

12	15	27
9	8	17
21	23	44

b) − →, − ↓

30	12	18
14	7	7
16	6	11

2 Fülle die leeren Kästchen aus. Prüfe deine Rechnungen, indem du alle möglichen Additionen und Subtraktionen ausführst.

a) + →, + ↓

120	140	
110	90	

b) + →, + ↓

180	70	
90	150	

c) − →, − ↓

55	15	
40	8	

3 Hier wird nur von oben nach unten gerechnet. Trage die fehlenden Werte ein.

a) + ↓

18	25	8	12	30	78
7	9	24	15	41	20
25					

b) − ↓

25	36	45	32	35	46
8	20	8	14	17	20
17					

So rechnest du halbschriftlich

Bei diesen Aufgaben ist es nützlich, Zwischenergebnisse zu notieren. Man rechnet dann halbschriftlich:

Rechne durch Zerlegen: 56 + 37 = ?

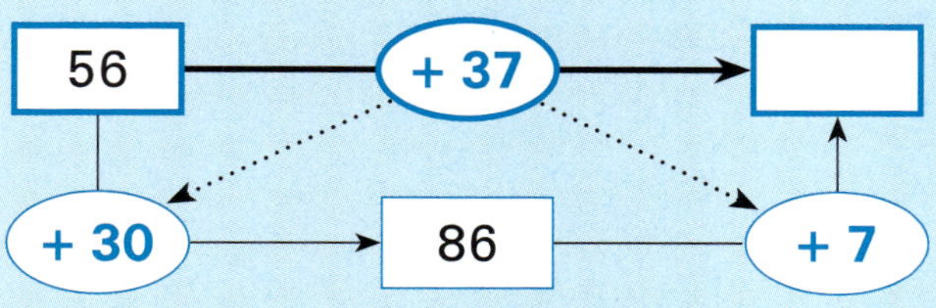

Schreibe die Rechnung so:
56 + 37 = 86 + 7 = 93

84 – 35 = ?

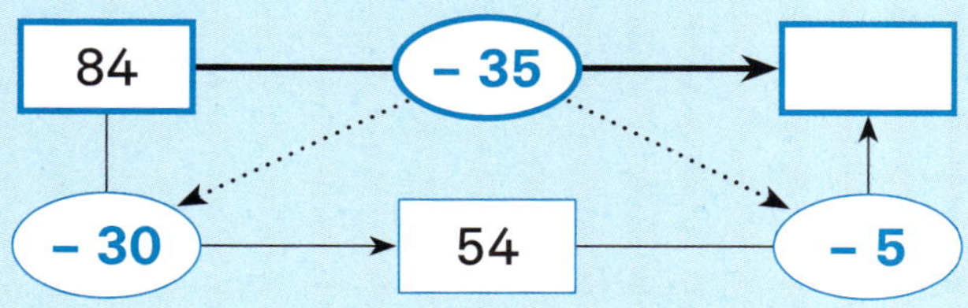

84 – 35 = 54 – 5 = 49

1 Rechne im Heft und schreibe hier nur die Ergebnisse auf.

a) 84 + 19 = ______
46 + 28 = ______
39 + 45 = ______
72 + 19 = ______

b) 92 – 27 = ______
81 – 49 = ______
45 – 28 = ______
51 – 26 = ______

c) 79 + 17 = ______
83 – 45 = ______
24 + 39 = ______
74 – 55 = ______

Auch hier zerlegt man die zweite Zahl:
350 + 86 = ?

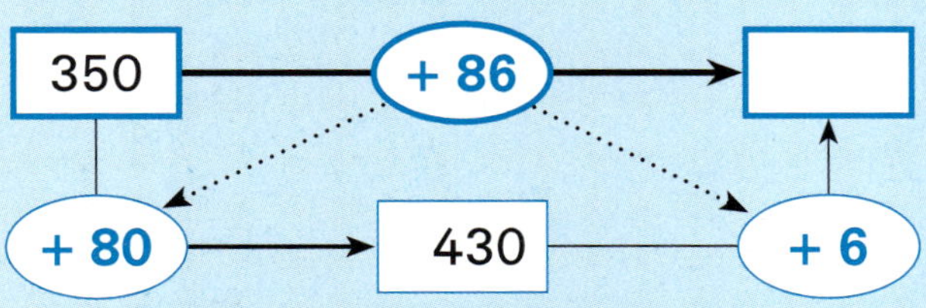

Schreibe die Rechnung wieder so:
350 + 86 = 430 + 6 = 436

420 – 45 = ?

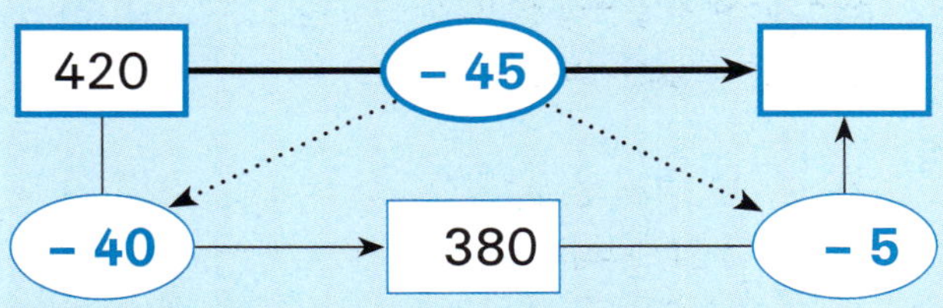

420 – 45 = 380 – 5 = 375

2 Notiere hier nur die Ergebnisse:

a) 420 + 95 = ______
370 + 84 = ______
250 + 76 = ______
720 + 91 = ______

b) 410 – 96 = ______
820 – 38 = ______
240 – 56 = ______
540 – 65 = ______

c) 360 + 77 = ______
250 – 63 = ______
170 + 45 = ______
210 – 88 = ______

Hier kannst du beim Rechnen die Nullen weglassen:

5800 + 450 = ?

denke an
580 + 45 = 620 + 5 = 625

also
5800 + 450 = 6250

5300 – 460 = ?

denke an
530 – 46 = 490 – 6 = 484

also
5300 – 460 = 4840

3 Rechne im Heft und schreibe hier nur die Ergebnisse auf.

a) 3500 + 820 = ______
6700 + 410 = ______
8600 + 520 = ______
4800 + 970 = ______

b) 8400 – 820 = ______
6300 – 590 = ______
4300 – 820 = ______
2100 – 460 = ______

c) 6300 + 950 = ______
7600 – 750 = ______
9300 – 660 = ______
2600 + 850 = ______

Nutze die Rechenvorteile durch geschicktes Zusammenfassen der Zahlen:

28 + 35 + **12** = **?**
28 + **12** + 35 = **40** + 35 = 75

87 – 29 – **17** = **?**
87 – **17** – 29 = **70** – 29 = 41

4 Rechne im Heft.

a) 35 + 28 + 25 = ______
49 + 34 + 21 = ______
33 + 18 + 47 = ______

b) 93 – 37 – 23 = ______
81 – 45 – 21 = ______
76 – 28 – 16 = ______

Oder so:

35 + **27** + **43** = ?
35 + **70** = 105

84 – **27** – **33** = ?
84 – **60** = 24

5 Rechne im Heft.

a) 54 + 25 + 15 = ______
33 + 17 + 43 = ______
38 + 19 + 21 = ______

b) 64 – 17 – 23 = ______
71 – 35 – 25 = ______
93 – 24 – 46 = ______

So füllst du Verknüpfungstafeln aus

1 Diese Tabellen heißen Verknüpfungstafeln. Die Verknüpfung – hier ist es die Addition bzw. Subtraktion – steht jeweils oben links auf der Verknüpfungstafel.

a)

+	8	12	15	25
27	35	39		
43				
55				
38				

Gehe so vor: 27 + 8 = 35, dann Ergebnis eintragen!

Weiterrechnen mit 27 + 12 = 39 usw.

Fülle die Tafel aus.

b)

–	80	120	150	250
270	190	150		
430				
550				
380				

270 – 80 = 190 → 190 eintragen!

270 – 120 = 150 → 150 eintragen!

Fülle auch diese Verknüpfungstafel aus.

2 Rechne aus:

a)

+	60	23	32	17
340				
660				
410				
790				

b)

–	60	23	32	17
340				
660				
410				
790				

c)

+	50	90	80	40
110				
480				
220				
340				

d)

–	50	90	80	40
110				
480				
220				
340				

Jetzt werden die Zahlen größer!

Es gibt keinen Grund, sich vor großen Zahlen zu fürchten: Das Rechnen erfolgt nach den gleichen Regeln wie bei kleinen Zahlen.

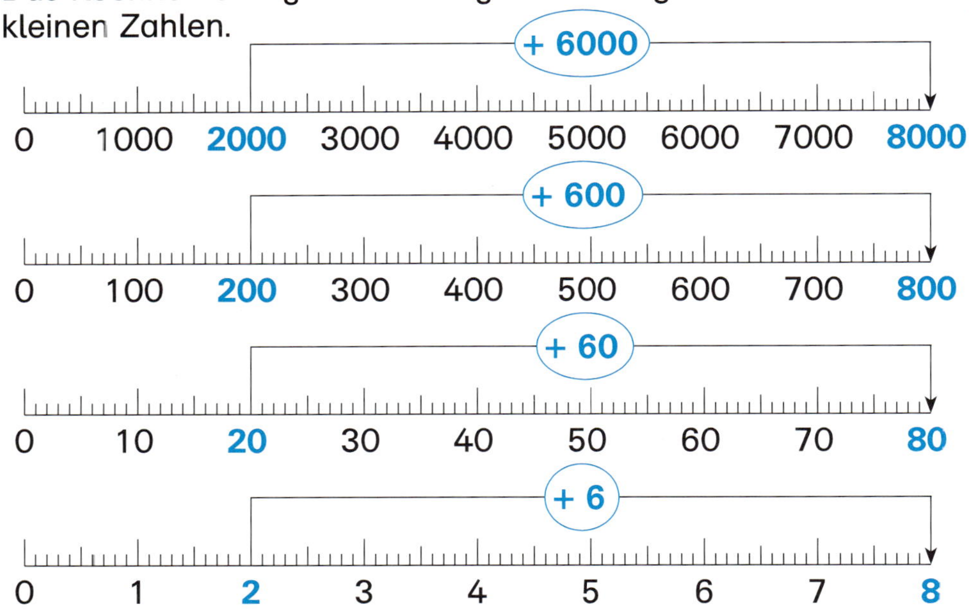

2000 + 6000 = 8000

200 + 600 = 800

20 + 60 = 80

2 + 6 = 8

1 a)

4 + 3 = ☐
40 + 30 = ☐
400 + 300 = ☐
4000 + 3000 = ☐

b)

8 − 6 = ☐
80 − 60 = ☐
800 − 600 = ☐
8000 − 6000 = ☐

Das Rechnen mit reinen Zehner-, Hunderter- oder Tausenderzahlen kannst du fast immer auf das Rechnen mit deutlich kleineren Zahlen zurückführen. Rechne also **ohne** Nullen und füge sie im Ergebnis wieder an.

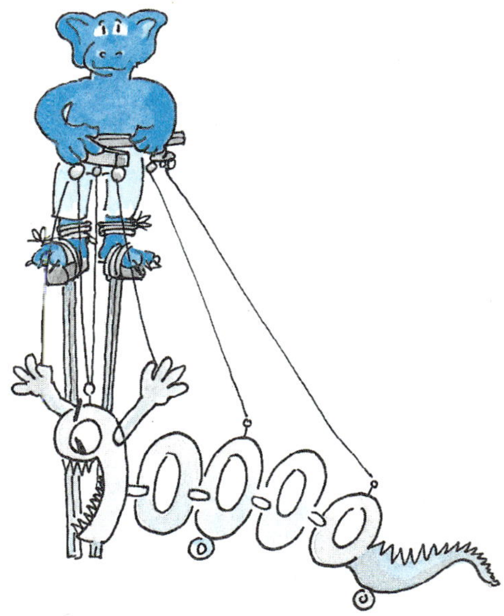

Beispiel:
Bei der Aufgabe
24000 + 8000 = 32000
denke an **24** + **8** = **32.**

2 Löse in deinem Heft ebenso:

a) 32000 + 16000 =
45000 + 9000 =
87000 + 12000 =

b) 47000 − 5000 =
62000 − 18000 =
41000 − 19000 =

c) 16000 + 7000 =
29000 − 14000 =
35000 + 26000 =

Auch hier kannst du jeweils an eine leichter zu rechnende Aufgabe denken:

Beispiele:

7850 + 90 = 7940
785 + 9 = 794

6250 − 80 = 6170
625 − 8 = 617

3 Rechne ebenso:

a) 4200 + 900 = ______
700 + 8600 = ______
6700 + 500 = ______

b) 6340 + 80 = ______
7920 + 90 = ______
650 + 120 = ______

c) 5320 − 70 = ______
4840 − 90 = ______
6700 − 800 = ______

Auch hier kannst du einfacher rechnen:
Du lässt die Tausender zunächst weg.

Beispiele:

2436 + 80 = 2516
436 + 80 = 516

5728 − 90 = 5638
728 − 90 = 638

4 Rechne ebenso:

a) 4335 + 90 = ______
5147 + 70 = ______
6244 + 80 = ______

b) 9145 + 250 = ______
6271 + 320 = ______
7515 + 150 = ______

c) 4375 − 80 = ______
5125 − 40 = ______
6721 − 90 = ______

Rechne schrittweise:

so:

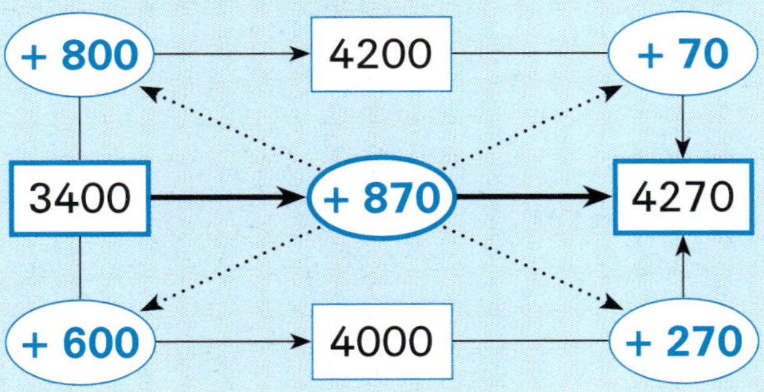

oder so:

Schreibe so:

3400 + 870 = 4200 + 70 = 4270

oder so:

3400 + 870 = 4000 + 270 = 4270

5 Rechne ebenso. Schreibe in dein Heft.

a) 4800 + 580 =
7600 + 490 =
6800 + 760 =

b) 5600 + 820 =
6800 + 470 =
3700 + 960 =

so:
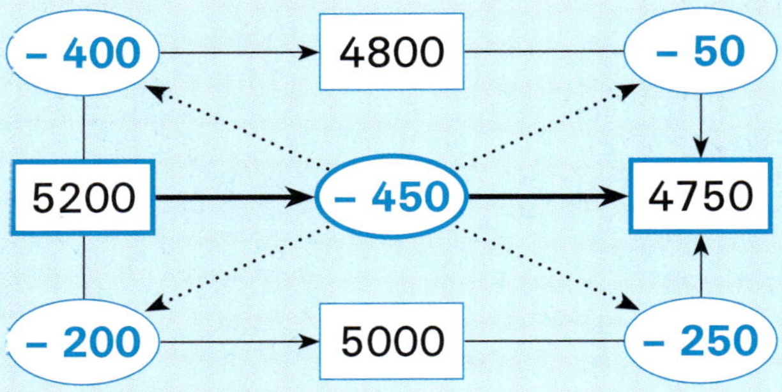

oder so:

Schreibe so:

5200 – 450 = 4800 – 50 = 4750

oder so:

5200 – 450 = 5000 – 250 = 4750

6 Schreibe in dein Heft.

a) 7300 – 860 =
6400 – 750 =
8200 – 430 =
9500 – 620 =

b) 8100 – 350 =
6300 – 480 =
7200 – 560 =
8200 – 840 =

Ergänzen bis zum nächsten vollen Tausender: 6780 + **220** = **7000**

7 a) 9320 + 680 = 10000
8450 + 550 = 9000
7260 + 740 = 8000
8150 + 850 = 9000

b) 6370 + 630 = 7000
4140 + 860 = 5000
2530 + 470 = 3000
6150 + 850 = 7000

8 a) (→ +, ↓ –)

8400	960	
340	660	

b) (→ +, ↓ –)

5600	580	
550	450	

c) (→ +, ↓ +)

12000	1500	
19000	800	

d) (→ –, ↓ –)

67000	35000	
41000	29000	

9 a) Addiere zu 4800 siebenmal nacheinander 400. Welche Zahl erhältst du?

b) Um wie viel ist die Zahl insgesamt gewachsen?

c) Überprüfe mit nur einer Rechnung dein Ergebnis.

Das kleine Einmaleins brauchst du immer

Das kleine Einmaleins ist Voraussetzung für alle weiteren Multiplikationen. Du musst es deshalb beherrschen.

1 Multipliziere immer nebeneinanderstehende Zahlen miteinander. Schreibe die Ergebnisse in die leeren Felder.

a)

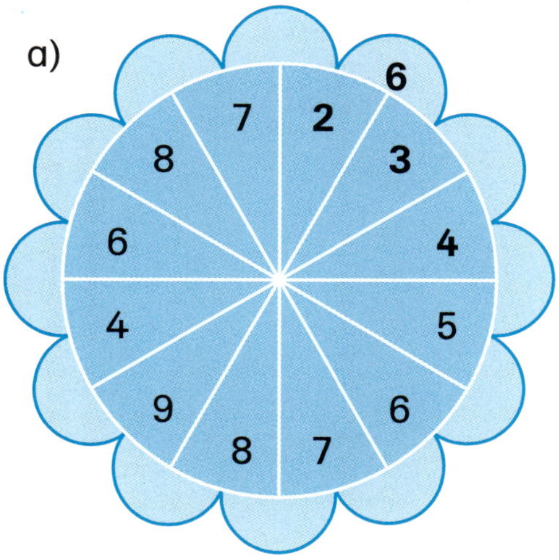

Beispiel:
2 · 3 = 6
3 · 4 = ...

b)

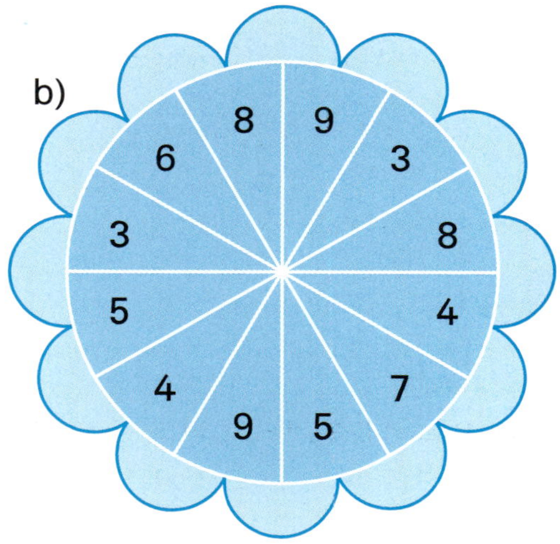

2 Fülle diese Rechenräder aus.

a)

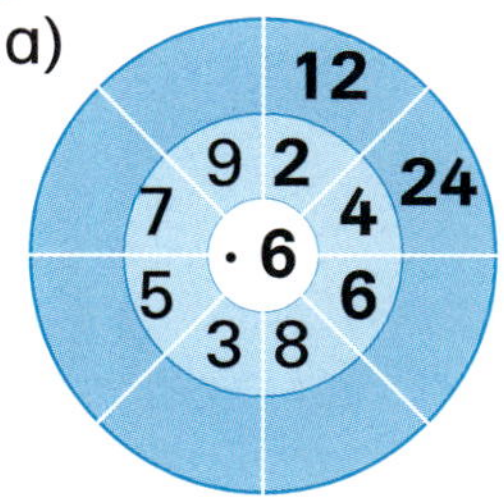

b)

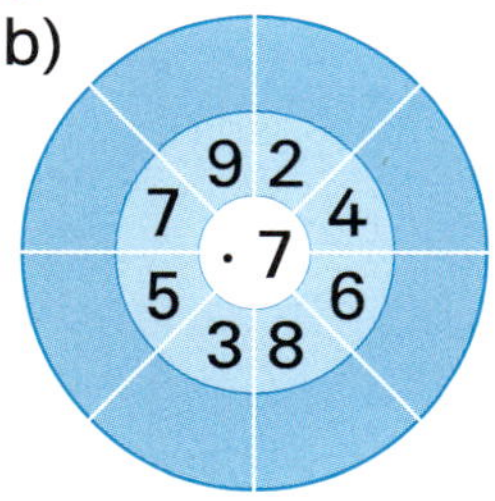

c)

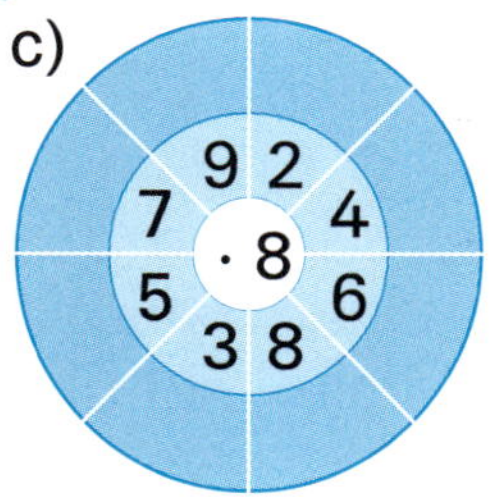

d)

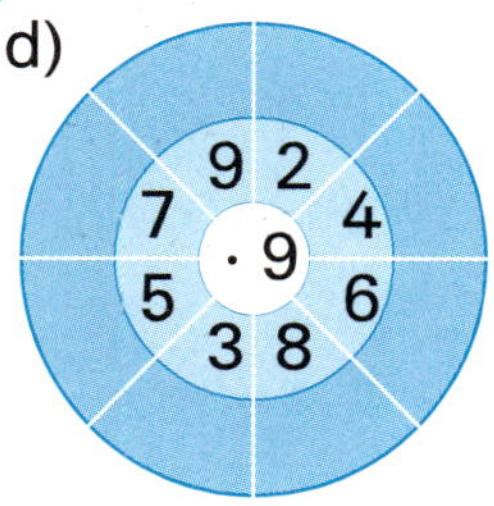

Rechne so: 2 · 6 = 12
4 · 6 = 24
6 · 6 = ...

3 Fülle auch diese Rechenräder aus.

a)

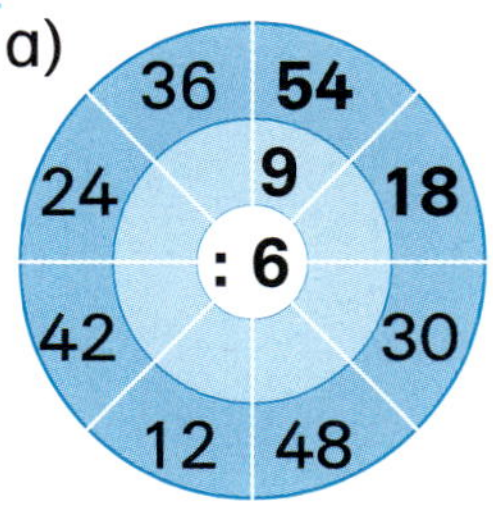

b)

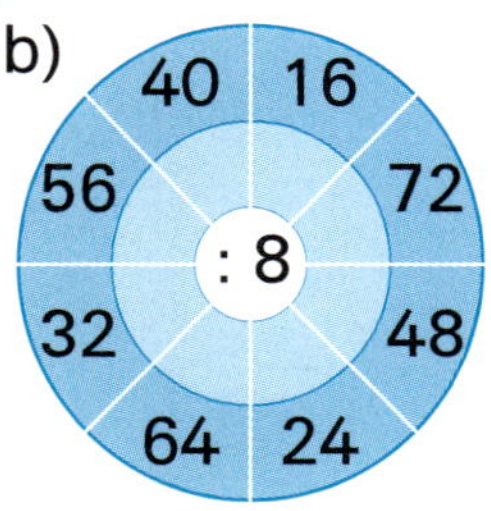

c)

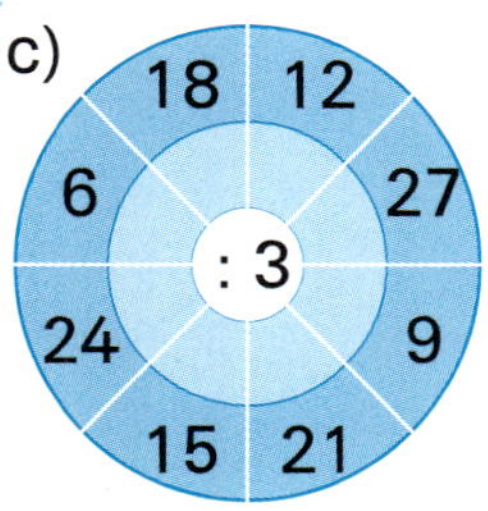

Rechne so: 54 : 6 = 9
18 : 6 = ...

Rechnen mit Zehner-, Hunderter-, Tausenderzahlen

Solche Aufgaben musst du beherrschen:

$4 \cdot 10 = 40$
$4 \cdot 100 = 400$
$4 \cdot 1000 = 4000$
$4 \cdot 10000 = 40000$

$80000 : 10000 = 8$
$80000 : 1000 = 80$
$80000 : 100 = 800$
$80000 : 10 = 8000$

So wird es gerechnet:

Beispiele: $4 \cdot 100 = 400$ Nullen anhängen! $80000 : 1000 = 80$ Nullen streichen!

1 Rechne ebenso:

a)

·	100	10	1000	10000
25				
7				
135				
50				

b)

:	1000	10	100
37000			
180000			
90000			
72000			

Das Rechnen mit reinen Zehner-, Hunderter- oder Tausenderzahlen kannst du fast immer auf das Rechnen mit deutlich kleineren Zahlen zurückführen. Rechne also **ohne** Nullen und füge sie im Ergebnis wieder an.

Suche zu jeder Aufgabe eine leichtere, die dir hilft.

Beispiele:

$5 \cdot 800 = 4000$ ← $\cdot 100$, $\cdot 100$ ← **$5 \cdot 8 = 40$**

$48000 : 8 = 6000$ ← $\cdot 1000$, $\cdot 1000$ ← **$48 : 8 = 6$**

2 Löse ebenso in deinem Heft:

a) $7 \cdot 500 =$
$6 \cdot 9000 =$
$8 \cdot 1200 =$

b) $9 \cdot 70 =$
$5 \cdot 800 =$
$6 \cdot 9000 =$

c) $250 : 5 =$
$4500 : 9 =$
$12000 : 6 =$

d)

·	40	300	7000
15			
7			
9			
12			

e)

:	4	6	12
24000			
6000			
720			
36000			

Auch hier hilft eine leichtere Aufgabe.

40 · 900 = 36000

↑ · 10   ↑ · 100   ↑ (· 10 · · 100 = · 1000)

4 · 9 = 36

also:

40 · 900 = 36000

Nullen anhängen!

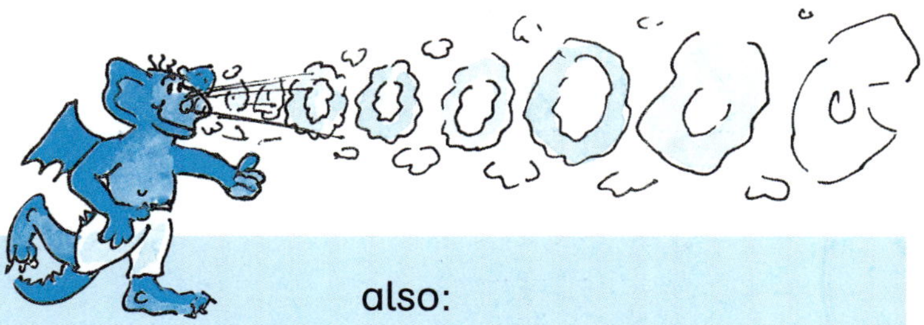

1800 : 30 = 60

↑ · 10   ↑ · 10   ↑ (· 10 : · 10 = · 1)

180 : 3 = 60

also:

1800 : 30 = 60

Nullen streichen!

3 Rechne ebenso:

a) 500 · 40 = ______
70 · 8000 = ______
120 · 600 = ______
500 · 800 = ______

b) 7200 : 80 = ______
7200 : 800 = ______
4500 : 50 = ______
4500 : 500 = ______

c) 81000 : 90 = ______
5600 : 80 = ______
420 : 60 = ______
48000 : 6000 = ______

d)

·	50	600	7000
70			
800			
40			
200			

e)

:	30	200	600
7200			
18000			
2400			
12000			

Hier notiert man sich Zwischenergebnisse

Auch bei diesen Aufgaben kann man sich die Rechnung erleichtern:

Beispiel:

	295 · 6		
	200 · 6	=	1200
+	**90** · 6	=	540
+	**5** · 6	=	30
	295 · 6	=	1770

1 Rechne in deinem Heft und zerlege die Zahlen in gleicher Weise:

a)	b)	c)
139 · 7 = ______	241 · 6 = ______	148 · 3 = ______
523 · 4 = ______	824 · 5 = ______	534 · 9 = ______
621 · 7 = ______	937 · 8 = ______	712 · 6 = ______
317 · 9 = ______	425 · 6 = ______	453 · 8 = ______

Rechne wie bisher. Schreibe aber nur die Zwischenergebnisse auf:

Beispiel: 295 · 6 = 1200 + 540 + 30 = 1770

2 a)
235 · 7 = ______ + ______ + ______ = ______
412 · 8 = ______ + ______ + ______ = ______
521 · 3 = ______ + ______ + ______ = ______
216 · 5 = ______ + ______ + ______ = ______

Rechne in deinem Heft:

b)	c)	d)
137 · 5 =	625 · 2 =	316 · 7 =
217 · 3 =	721 · 9 =	425 · 8 =
429 · 4 =	169 · 8 =	679 · 6 =
832 · 6 =	432 · 5 =	431 · 9 =

Auch dividieren kann man in Teilschritten. Du musst nur darauf achten, dass du die Aufgaben in solche Teilaufgaben zerlegst, die beim Dividieren aufgehen:

Beispiel: 6852 : 6

	6000 : 6	=	1000
+	**600** : 6	=	100
+	**240** : 6	=	40
+	**12** : 6	=	2
	6852 : 6	=	1142

3 Rechne in gleicher Weise in deinem Heft:

a) 5965 : 5 =
4269 : 3 =
4254 : 6 =
8199 : 9 =

b) 4345 : 5 =
7236 : 9 =
1484 : 4 =
7092 : 3 =

c) 4896 : 4 =
6084 : 6 =
9785 : 5 =
5360 : 8 =

Rechne auch hier wie bisher. Schreibe aber nur noch die Zwischenergebnisse auf:

Beispiel: 6852 : 6 = 1000 + 100 + 40 + 2 = 1142

4 a) 8245 : 5 = ______ + ______ + ______ = ______
6248 : 4 = ______ + ______ + ______ = ______
9423 : 9 = ______ + ______ + ______ = ______
8568 : 7 = ______ + ______ + ______ + ______ = ______

Rechne in deinem Heft:

b) 5425 : 5 =
8478 : 2 =
4124 : 4 =
7248 : 8 =

c) 3714 : 3 =
9522 : 9 =
4374 : 6 =
8735 : 5 =

d) 3212 : 4 =
6732 : 9 =
4125 : 3 =
7525 : 5 =

5 a) Ein Gartenweg wird mit 4 Reihen Platten belegt. In jede Reihe gehen 198 Platten. Wie viele Platten benötigt man?

b) Wie viele Platten benötigt man, wenn 6 Reihen verlegt werden?

6 a) 2648 Platten sollen in 4 Reihen verlegt werden. Wie viele Platten passen in jede Reihe?

b) Jetzt sollen es 8 Reihen sein. Wie viele Platten liegen nun in jeder Reihe?

Nicht alles geht auf: Teilen mit Rest

Du kannst jede Divisionsaufgabe durch eine Multiplikationsaufgabe überprüfen.
42 : 6 = 7 ⟶ 7 · 6 = 42
7 · 6 ist dann die Probeaufgabe für 42 : 6

Rechne zu jeder Aufgabe auch die Probeaufgabe. Schreibe so:

35 : 5 = [7] ⟶ [7] · 5 = 35

1

a)	b)	c)	d)
45 : 5 =	320 : 4 =	560 : 70 =	540 : 30 =
36 : 6 =	180 : 6 =	480 : 80 =	270 : 30 =
28 : 7 =	250 : 5 =	210 : 30 =	400 : 80 =

Bei diesen Aufgaben bleibt ein Rest.
Du sollst auch hier eine Proberechnung durchführen. Sie geht so:

45 : 6 = 7 R **3** ⟶ 7 · 6 + **3** = 45

2

a)	b)
29 : 7 =	35 : 8 =
35 : 6 =	42 : 5 =
51 : 8 =	26 : 3 =

c)	d)
242 : 8 =	200 : 70 =
185 : 6 =	280 : 90 =
251 : 5 =	310 : 50 =

Aufpassen: Beim Teilen mit Rest gibt es diese Schreibweisen. Schreibe so, wie du es gelernt hast.

39 : 7 = **5** R **4**
oder
39 = **5** · 7 + **4**
oder
39 : 7 = **5** + **4** : 7

450 : 70 = **6** R **30**
oder
450 = **6** · 70 + **30**
oder
450 : 70 = **6** + **30** : 70

3

a)	b)	c)
46 : 9 =	420 : 80 =	35 : 6 =
58 : 7 =	840 : 90 =	430 : 70 =
62 : 8 =	610 : 70 =	600 : 80 =

Rechenvorteile erleichtern das Rechnen

Es lässt sich leichter addieren bzw. subtrahieren, wenn jeweils **eine Zahl eine reine Zehnerzahl** ist. Bestätige durch Nachrechnen, dass man die Aufgaben so verändern darf, ohne dass sich ihre Ergebnisse ändern.

Beispiele:

56 + 38 = 94
(56: − 2; 38: + 2)
54 + 40 = 94

56 − 38 = 18
(56: + 2; 38: + 2)
58 − 40 = 18

1 Mache eine Zahl zur Zehnerzahl und löse die Aufgaben.

39 + 45 = ☐
(39: + 1; 45: − 1)
40 + ☐ = ☐

168 + 25 = ☐
(168: ◯; 25: ◯)
☐ + ☐ = ☐

41 + 58 = ☐
(41: ◯; 58: ◯)
☐ + ☐ = ☐

72 − 34 = ☐
(72: ◯; 34: ◯)
78 − ☐ = ☐

186 − 49 = ☐
(186: ◯; 49: ◯)
☐ − ☐ = ☐

96 − 58 = ☐
(96: ◯; 58: ◯)
☐ − ☐ = ☐

2 Rechne geschickt:

a) 69 + 25 =
76 + 28 =
139 + 46 =
248 + 45 =

b) 95 − 38 =
127 − 99 =
259 − 63 =
61 − 39 =

c) 37 + 59 =
176 − 68 =
219 + 76 =
109 − 53 =

Zeige durch Nachrechnen, dass sich diese Aufgaben so verändern lassen:

48 · 9 = 432
48 · 10 – 48 =
480 – 48 = 432

48 · 11 = 528
48 · 10 + 48 =
480 + 48 = 528

Notiere beim Rechnen gleich die Zwischenergebnisse:

48 · 9 = 480 – 48 = 432

48 · 11 = 480 + 48 = 528

3 Löse ebenso:

a) 78 · 9 = ______
37 · 9 = ______
66 · 9 = ______
33 · 9 = ______

b) 72 · 11 = ______
35 · 11 = ______
62 · 11 = ______
27 · 11 = ______

Darf man die Aufgaben auch so verändern?

69 · 8 = 552
70 · 8 – 8 =
560 – 8 = 552

71 · 8 = 568
70 · 8 + 8 =
560 + 8 = 568

Schreibe beim Rechnen gleich die Zwischenergebnisse auf:

69 · 8 = 560 – 8 = 552

71 · 8 = 560 + 8 = 568

4 Löse ebenso:

a) 89 · 6 = ______
59 · 8 = ______
39 · 4 = ______
99 · 7 = ______

b) 91 · 5 = ______
61 · 7 = ______
71 · 8 = ______
41 · 6 = ______

Knobeleien

1 Setze 24, 36 und 44 als Startzahlen ein. Wenn du richtig gerechnet hast, stimmt die Startzahl mit der Zielzahl überein.

Start → Ziel

24 —: 4→ 6 —+ 16→ □ —· 2→ □ —− 32→ □ —· 4→ □ —: 2→ □

Beispiel: 24 : 4 = 6
6 + 16 = …

2 Versuche, diese Kettenaufgabe im Kopf zu rechnen:

a) 9 —· 4→ □ —: 6→ □ —+ 32→ □ —− 28→ □ —: 5→ □ —· 2→ □

b) 128 —− 18→ □ —: 2→ □ —+ 8→ □ —: 9→ □ —· 7→ □ —+ 25→ □

Jetzt sollen immer gleiche Zahlen addiert werden.
Die Ergebnisse bilden **Zahlenfolgen.**

Beispiel: 15 —+ 4→ 19 —+ 4→ 23 —+ 4→ 27 —+ 4→ 31 —+ 4→

Du kannst die Zahlenfolge auch so notieren: 15, 19, 23, 27, 31, …

3 Setze die Zahlenfolgen um 4 Zahlen fort. Schreibe in deinem Heft.

a) 32 —+ 3→ 35 —+ 3→

b) 75 —− 8→ □ →

c) 7 —· 2→ □ →

d) 243 —: 3→ □ →

Zusammenfassung

Hier findest du die wichtigsten Aufgaben aus diesem Kapitel übersichtlich zusammengestellt. Willst du also etwas nachschlagen, so findest du es hier.

Begriffe	**Erläuterungen und Beispiele**
Addieren und Subtrahieren von Zehner- und Hunderterzahlen	250 + 70 = 320 **25 + 7 = 32** 3100 – 600 = 2500 **31 – 6 = 25**
Halbschriftliches Addieren und Subtrahieren 	Notiere die Zwischenergebnisse 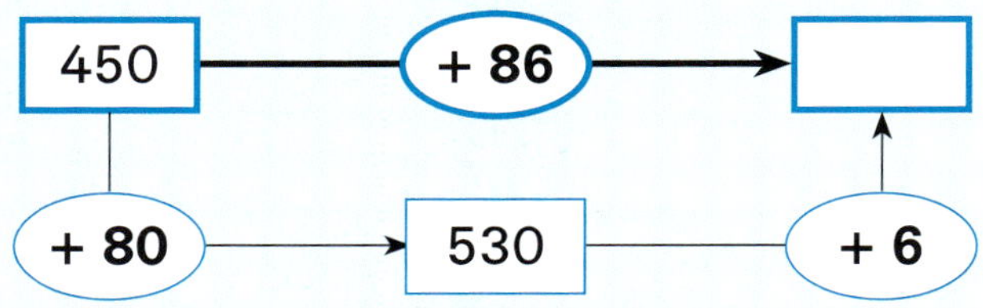 Schreibe die Rechnung so: 450 + 86 = 530 + 6 = 536 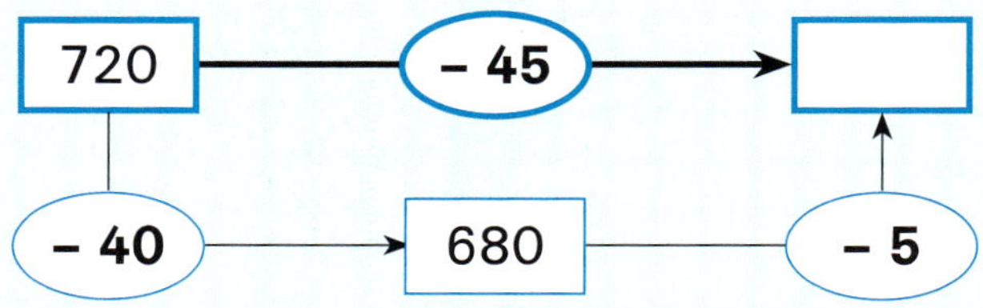 Schriftform: 720 – 45 = 680 – 5 = 675
Multiplizieren und Dividieren von Zehner- und Hunderterzahlen 	**Nullen anhängen:** 5 · 700 = 3500 5 · 7 = 35 4200 : 7 = 600 42 : 7 = 6 500 · 90 = 45000 5 · 9 = 45

Multiplizieren und Dividieren von Zehner- und Hunderterzahlen

Nullen streichen:

56000 : 80 = 700

56 : 8 = 7

Halbschriftliches Multiplizieren und Dividieren

Rechne so:

	295	· 6	=	
	200	· 6	=	1200
+	**9**0	· 6	=	540
+	**5**	· 6	=	30
	295	· 6	=	1770

Schreibe so:
295 · 6 = 1200 + 540 + 30 = 1770

Rechne so:

	1770	: 6	=	
	1200	: 6	=	200
+	**54**0	: 6	=	90
+	**3**0	: 6	=	5
	1770	: 6	=	295

Schreibe so:
1700 : 6 = 200 + 90 + 5 = 295

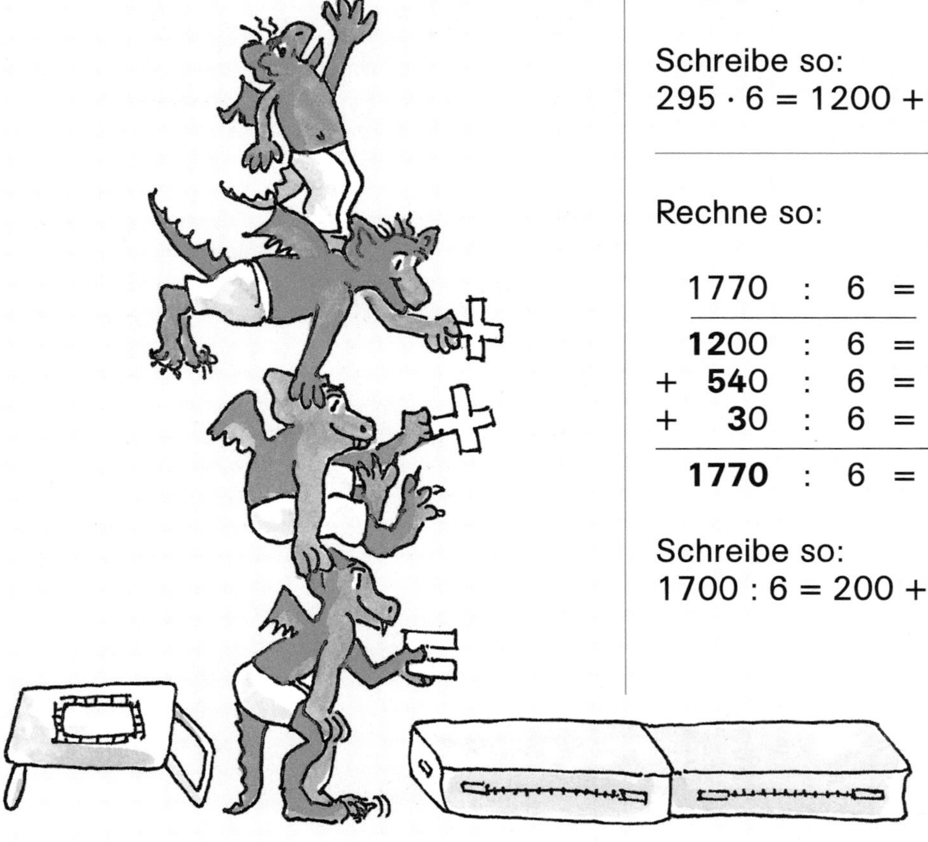

Teilen mit Rest

Geht eine Division nicht auf, so kannst du die Aufgabe so
450 : 70 = **6 R 30**

oder so
450 : 70 = **6 + 30 : 70**

oder so notieren
450 = **6 · 70 + 30**

Test

Hier findest du alle wichtigen Aufgaben des letzten Kapitels. Löse sie und überprüfe so dein Wissen.

1 Rechne die Aufgaben. Verbinde dann die Ergebniszahlen der Reihe nach miteinander.

$3 \cdot 8 = 24$	$9 \cdot 6 =$ ____	$49 : 7 =$ ____	$3 \cdot 9 =$ ____
$54 : 6 = 9$	$42 : 7 =$ ____	$8 \cdot 4 =$ ____	$35 : 7 =$ ____
$7 \cdot 4 = 28$	$4 \cdot 9 =$ ____	$54 : 9 =$ ____	$9 \cdot 7 =$ ____
$30 : 6 =$ ____	$18 : 6 =$ ____	$5 \cdot 5 =$ ____	$64 : 8 =$ ____
$4 \cdot 3 =$ ____	$8 \cdot 7 =$ ____	$81 : 9 =$ ____	$3 \cdot 6 =$ ____
$18 : 9 =$ ____	$72 : 9 =$ ____	$3 \cdot 7 =$ ____	$21 : 3 =$ ____

Start

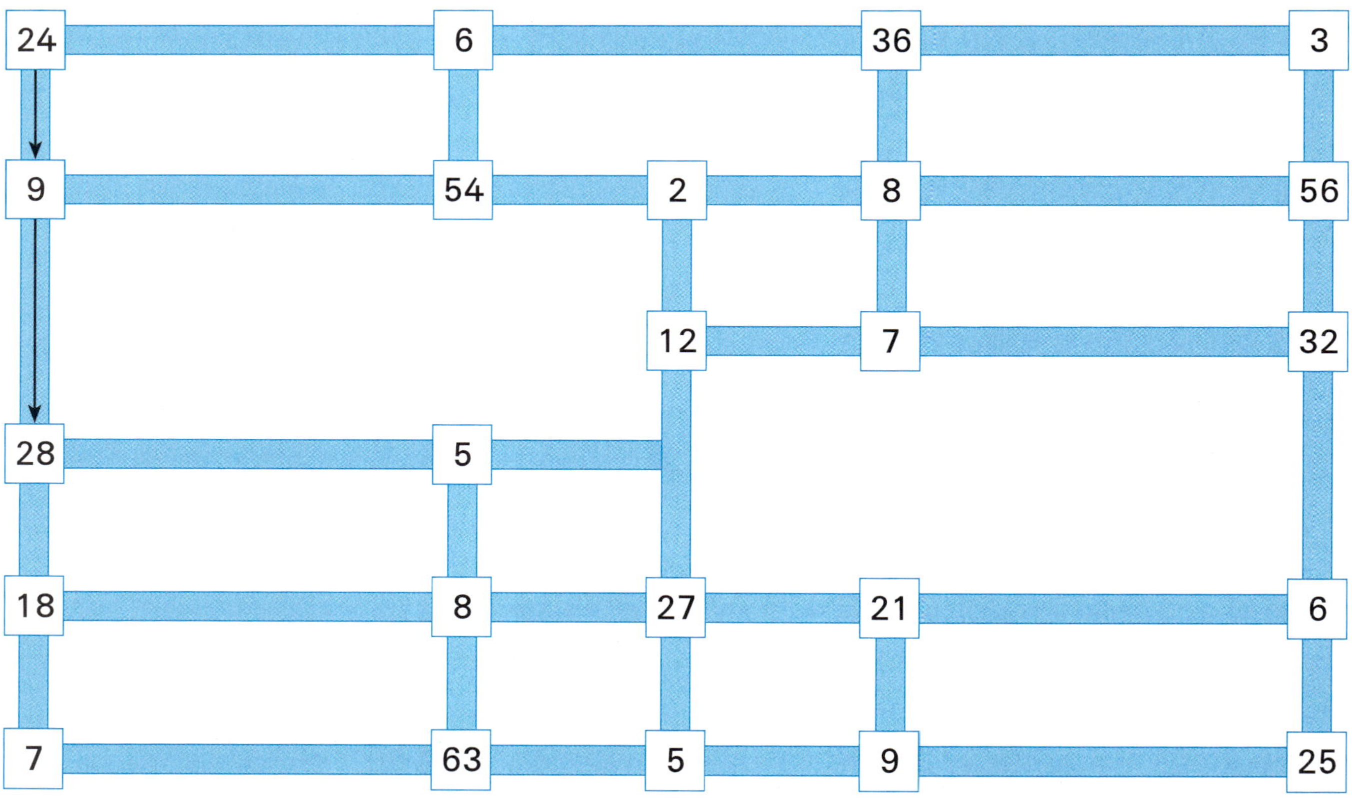

Ziel

2 a) 48000 + 8000 =
4200 + 700 =
33000 + 19000 =
6830 + 80 =

b) 54000 − 26000 =
6800 − 900 =
3740 − 80 =
93000 − 5000 =

3 Rechne schrittweise in deinem Heft:

a) 5700 + 480 = ___ + ___ = ___
7900 + 360 = ___ + ___ = ___
3900 + 590 = ___ + ___ = ___
6800 + 860 = ___ + ___ = ___

b) 9100 − 450 = ___ − ___ = ___
6200 − 380 = ___ − ___ = ___
3500 − 820 = ___ − ___ = ___
4300 − 570 = ___ − ___ = ___

4 Fülle die Tabellen aus:

a)

·	100	30	400	9000
8				
60				
12				
400				

b)

:	3	40	200	600
48000				
2400				
36000				
7200				

5 Löse die Aufgaben schrittweise in deinem Heft:

a) 324 · 6 = ___ + ___ + ___ = ___
612 · 8 = ___ + ___ + ___ = ___
443 · 4 = ___ + ___ + ___ = ___
739 · 3 = ___ + ___ + ___ = ___

b) 1536 · 6 = ___ + ___ + ___ = ___
2475 · 5 = ___ + ___ + ___ = ___
1467 · 3 = ___ + ___ + ___ = ___
5496 · 8 = ___ + ___ + ___ = ___

Wie du weißt, gliedert sich unsere Zahlenschreibweise nach Einern, Zehnern, Hunderten usw. Nimmt man als Grundeinheit nicht die Zehn, sondern die Drei oder die Fünf, so lassen sich die Einer auch zu größeren Einheiten zusammenfassen. Man arbeitet so in einem anderen **Stellenwertsystem.**

So kannst du Einer zusammenfassen bzw. bündeln

1 a) Hier sind 16 Bälle (Einer). Fasse immer 3 zusammen. Sie sollen in eine Dose. Zeichne die Dreier ein.

b) Wie viele Dreier erhältst du?
Wie viele Einer bleiben übrig?
Trage die Anzahl in die Tabelle ein.

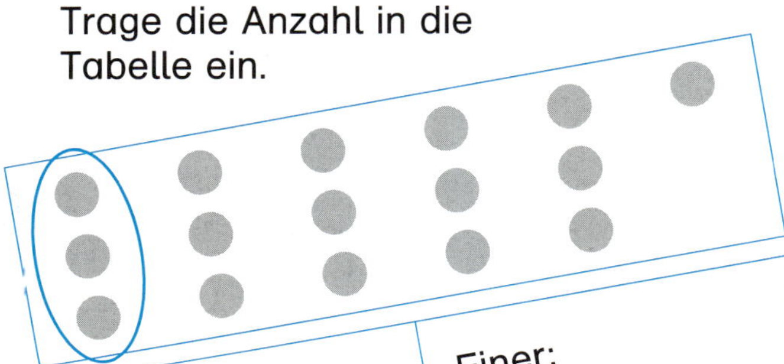

Dreier:	Einer:

2 Jetzt sind die Dreier der Aufgabe 1 jeweils zu **Neunern** zusammengefasst worden.
Wie viele Neuner gibt es?
Wie viele Dreier und wie viele Einer bleiben übrig?
Trage die Anzahl in die Tabelle ein.

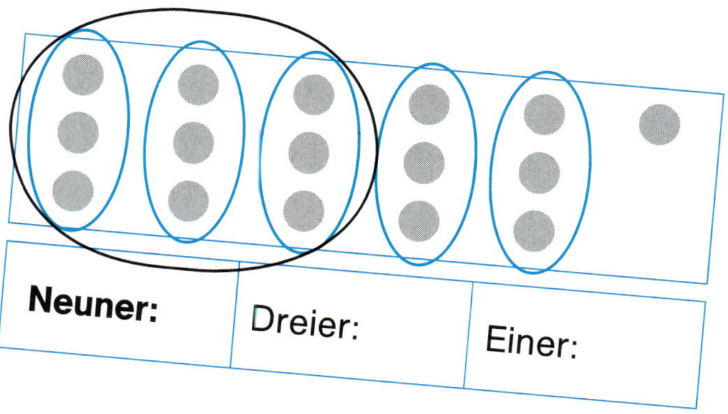

Neuner:	Dreier:	Einer:

Du hast damit die 16 Bälle nach der Dreierregel gebündelt.

3 a) Fasse von diesen 23 Einern (Bälle) immer 3 zu einem Dreier zusammen. Zeichne sie ein.

b) Bilde aus 3 Dreiern jeweils Neuner. Zeichne auch sie ein.

c) Wie viele Neuner erhältst du? Wie viele Dreier und Einer bleiben übrig? Trage sie in die Tabelle ein.

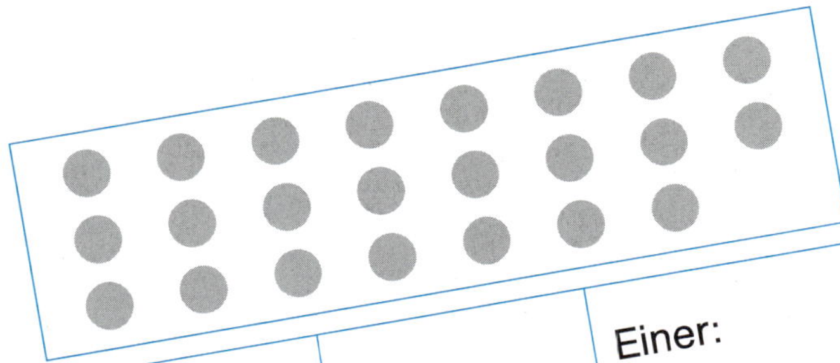

Neuner:	Dreier:	Einer:

4 a) Zeichne in die 25 Einer lauter Dreier hinein.

b) Wie viele Neuner erhältst du? Wie viele Dreier und Einer bleiben übrig? Trage die Ergebnisse in die Tabelle ein.

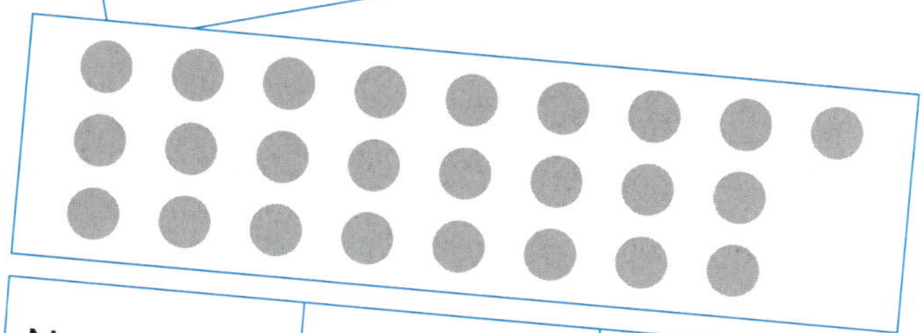

Neuner:	Dreier:	Einer:

5 a) Jetzt sollen 10 Einer jeweils zu einem Zehner zusammengefasst werden. Zeichne die Zehner ein.

b) Wie viele Zehner erhältst du? Wie viele Einer bleiben übrig? Fülle die Tabelle aus.

c) Vergleiche die Ergebnisse von Aufgabe 4 und 5. Was stellst du fest?

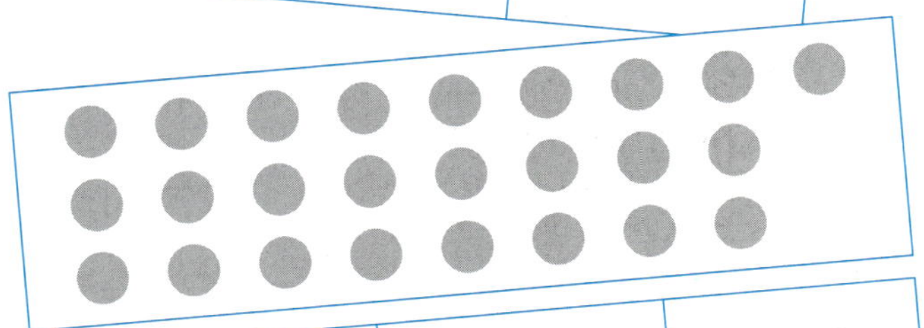

Hunderter (H):	Zehner (Z):	Einer (E):

Diese Bündelung erfolgte nach der Zehnerregel.

Das Zusammenfassen oder Bündeln der 25 Einer zu Dreiern kannst du auch durch Rechnen ausführen:

25 Einer **:** **3** **=** **8** Dreier **+** **1** Einer

6 a) Rechne so weiter:

8 Dreier : 3 = __ Neuner + __ Dreier

b) Trage die Ergebnisse in die Tabelle ein.

Neuner	Dreier	Einer
–	–	25
–	8	1
		1

Diese Tabellen nennt man auch Stellenwerttafeln!

7 Bündele jetzt 26 Einer rechnerisch zu Dreiern und Neunern. Fülle gleichzeitig die Tabelle aus.

26 Einer : 3 = __ Dreier + __ Einer

____

____

Neuner	Dreier	Einer
–	–	26
–		

8 Bündele 38 Einer nach Fünfern und Fünfundzwanzigern. 5 Fünfer ergeben 1 Fünfundzwanziger.

a) Durch welche Zahl musst du jetzt ständig teilen?

b) Rechne und fülle die Tabelle aus.

Fünfundzwanziger	Fünfer	Einer
–	–	38
–		

38 Einer : 5 = ____ Fünfer + ____ Einer

____ Fünfer : 5 = ____ Fünfundzwanziger + ____ Fünfer

9 Bündele 57 nach Fünfern und Fünfundzwanzigern.

Fünfundzwanziger	Fünfer	Einer
–	–	
–		

Wenn man nach Fünfern und Fünfundzwanzigern bündelt, bündelt man im Fünfersystem (Fünferregel).

10 Bündele 57 nach Zehnern. Durch welche Zahl musst du jetzt teilen? Fülle die Tabelle aus.

Hunderter	Zehner	Einer
–	–	
–		

So löst du Bündelungen auf

Hier das Bündelungsergebnis im Fünfersystem:

Fünfundzwanziger	Fünfer	Einer
2	**3**	**4**

Welche Anzahl wurde gebündelt?
Berechne sie so:

2 Fünfundzwanziger = **2** · 25 = **50**
3 Fünfer = **3** · 5 = **15**
4 Einer = **4** · 1 = **4**

Ergebnis: **50 + 15 + 4 = 69**

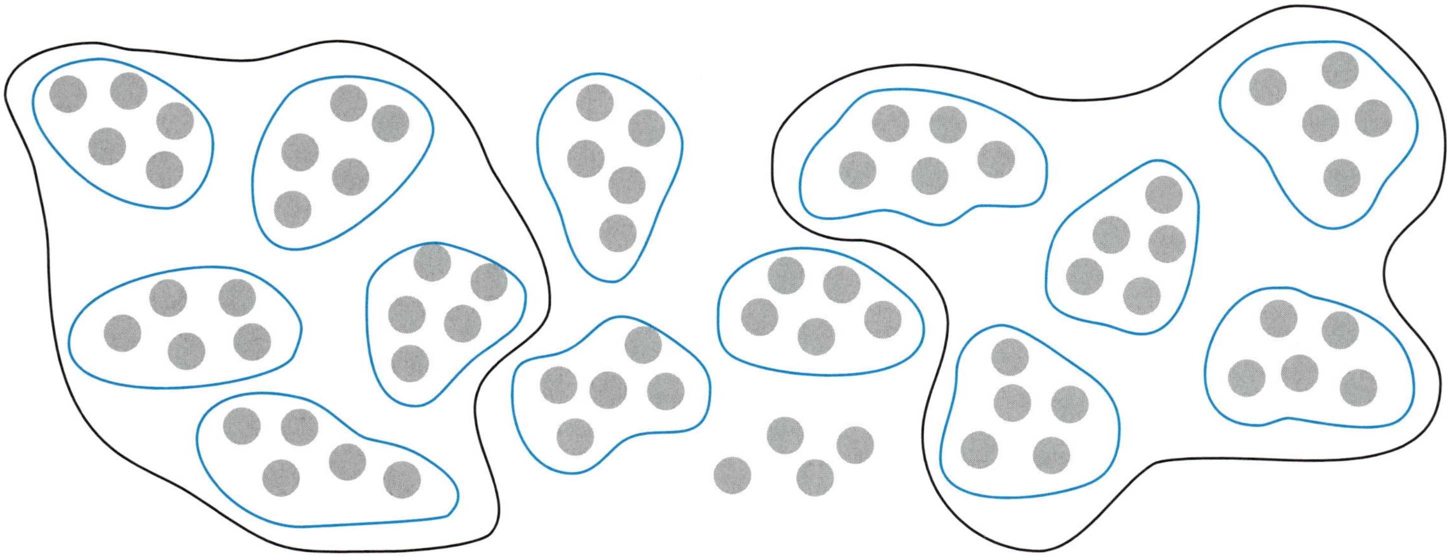

1 Berechne ebenso:

Fünfundzwanziger	Fünfer	Einer
3	2	4

3 Fünfundzwanziger = ___ · 25 = ___

___

___

Ergebnis: ___

2 Berechne die Anzahlen in deinem Heft:

a)

Fünfundzwanziger	Fünfer	Einer
4	1	2

b)

Fünfundzwanziger	Fünfer	Einer
3	0	4

c)

Fünfund-zwanziger	Fünfer	Einer
2	4	0

d)

Fünfund-zwanziger	Fünfer	Einer
3	4	2

Hier wurde nach dem Zehnersystem gebündelt.

Hunderter H	Zehner Z	Einer E
3	**2**	**5**

3 H = **3** · 100 = **3**00

2 Z = **2** · 10 = **2**0

5 E = **5** · 1 = **5**

Ergebnis: **300** + **20** + **5** = **325**

3 Berechne ebenso:

H	Z	E
4	5	6

4 H = ____ · 100 = ____

5 Z = ____ · 10 = ____

6 E = ____ · 1 = ____

Ergebnis: ______________

4 Berechne die Anzahlen in deinem Heft:

a)

H	Z	E
4	2	5

b)

H	Z	E
8	0	2

c)

H	Z	E
3	2	0

Aufgepasst beim Umwechseln!

Beim Umwechseln gehst du vor wie beim Bündeln: Einer müssen zu größeren Einheiten zusammengefasst werden.

Im Land Bambusia gibt es nur diese Münzen:

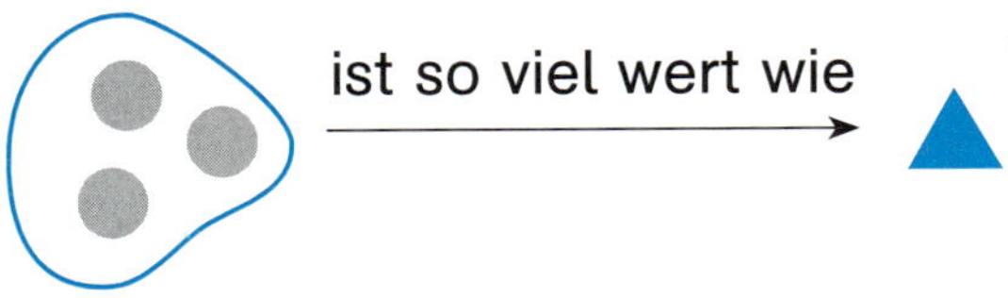

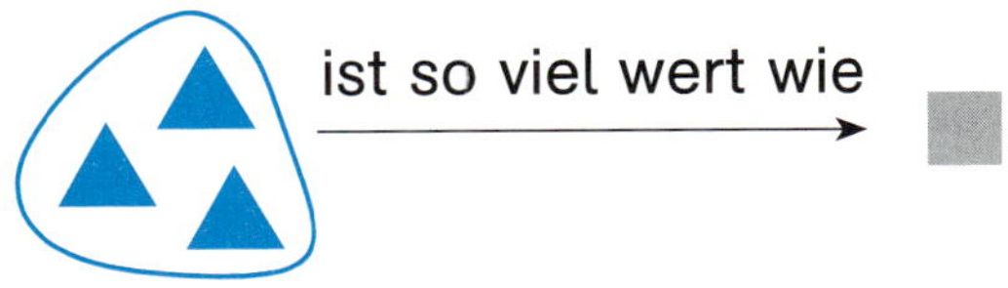

1 Ein Bambusianer will seine runden Münzen in möglichst wertvolle Geldstücke umtauschen. Trage in die Tabelle ein, was er erhält:

a)

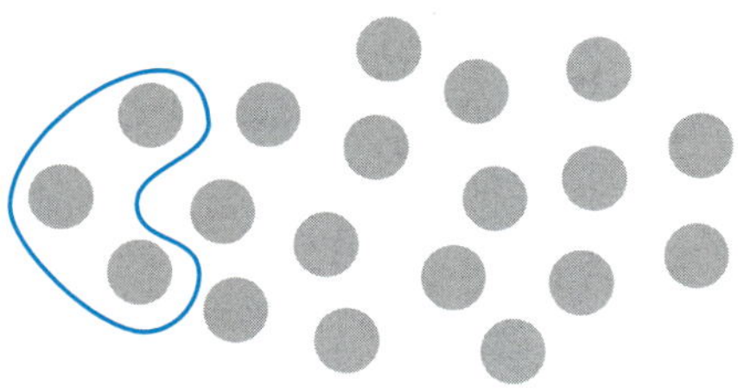

■	▲	●

b)

■	▲	●

2 Ein anderer Bambusianer besitzt diese Münzen:

a)

■	▲	●
2	1	2

b)

■	▲	●
1	2	2

In wie viele runde Münzen kann er sie umwechseln?

a) ______________________

b) ______________________

Bei uns wechselt man so um:

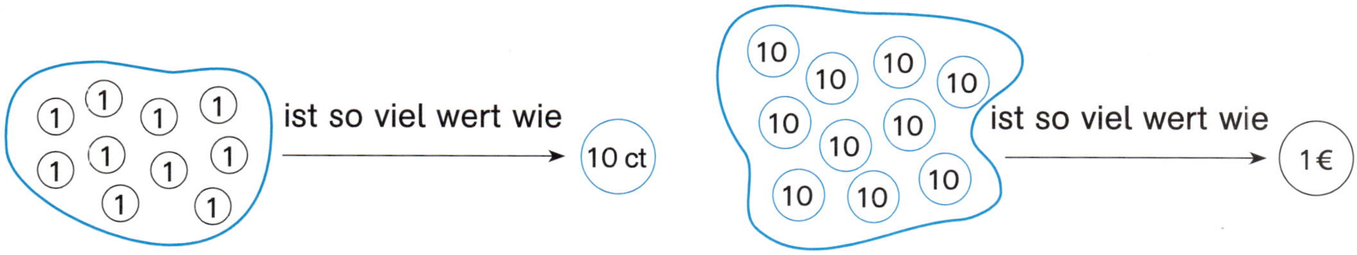

3 Wechsle um und übertrage das Ergebnis in die Tabelle:

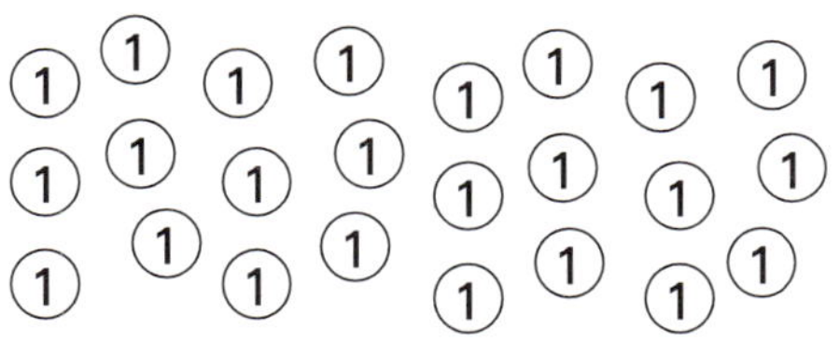

1€	10 ct	1 ct

4 Wechsle zurück. Wie viele Cent erhältst du jeweils?

a)

1€	10 ct	1 ct
4	2	5

_______ Cent

b)

1€	10 ct	1 ct
3	1	0

_______ Cent

c)

1€	10 ct	1 ct
2	0	9

_______ Cent

Zusammenfassung

Hast du Probleme mit den Stellenwertsystemen, so kannst du hier nachschlagen.

Begriffe	Erläuterungen

Bündeln (Verpacken)

Bündeln nach Dreierregel:
3 Einer ⟶ 1 Dreier
3 Dreier ⟶ 1 Neuner

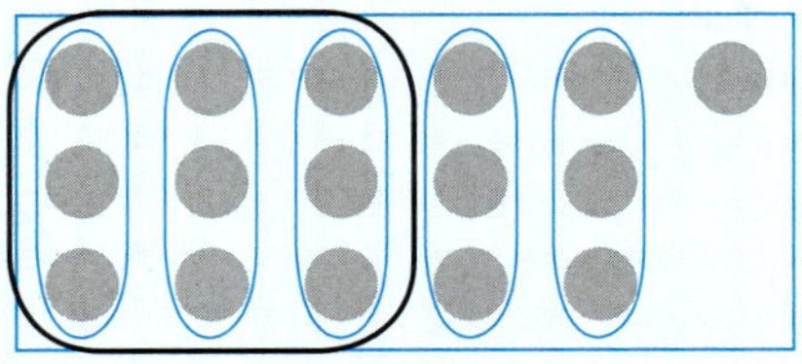

Neuner	Dreier	Einer
1	2	1

Bündeln nach Zehnerregel:
10 Einer ⟶ 1 Zehner
10 Zehner ⟶ 1 Hunderter

Hunderter H	Zehner Z	Einer E
2	7	9

Entbündeln

Auflösen von Bündelungen:

Fünfundzwanziger	Fünfer	Einer
2	**3**	**4**

2 · 25 = 50 / **3** · 5 = 15 / **4** · 1 = 4

Also: 50 + 15 + 4 = **69**

Hunderter H	Zehner Z	Einer E
3	**4**	**7**

3 · 100 = **300** / **4** · 10 = **40** / **7** · 1 = **7**

Also: **300** + **40** + **7** = **347**

Umwechseln

Die Einheiten des Bündelns sind Münzen.

z. B.:

⟶ Einer
⟶ Dreier
⟶ Neuner

oder

1 ct ⟶ Einer
10 ct ⟶ Zehner
1 € ⟶ Hunderter

Test

Überprüfe deinen Lernzuwachs, indem du diese Aufgaben rechnest.

1 Bündele hier nach der Dreierregel. Zeichne die Dreier und Neuner ein und fülle die Tabelle aus.

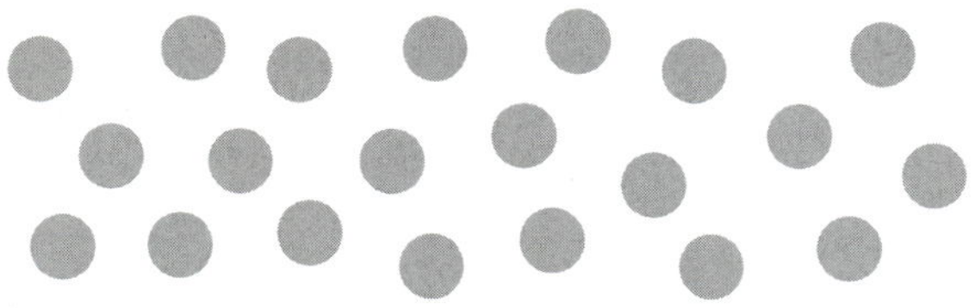

Neuner	Dreier	Einer

2 Bündele 48 nach Fünfern und Fünfundzwanzigern. Rechne und fülle die Tabelle aus.

____

____

____

Fünfund-zwanziger	Fünfer	Einer
–	–	
–		

3 Entbündele hier. Wie viele Einer ergeben sich?

a)

Fünfund-zwanziger	Fünfer	Einer
3	4	1

____

b)

Hunderter H	Zehner Z	Einer E
6	2	9

____

4 Wechsle in die kleinste Einheit.

a)

■	▲	●
2	1	2

b)

1 €	10 ct	1 ct
5	9	2

Die schriftlichen Rechenverfahren, die du in diesem Kapitel wiederholen und üben kannst, sind auch im Computerzeitalter bedeutsam. Du solltest wissen, wie diese Verfahren aufgebaut sind: Einfach nur Eintippen am Computer bringt dich nicht weiter.

> Schriftliches Rechnen ist Rechnen mit Stellenwerten.

So addierst du schriftlich in Stellenwerttafeln

Berechne die Summe von 2423 und 3164. Addiere in der Stellenwerttafel.

	T	H	Z	E
+	2	4	2	**3**
	3	1	6	**4**
	5	5	8	**7**

Rechne so:

4 + 3 = 7 → **7** hinschreiben
6 + 2 = 8 → 8 hinschreiben
1 + 4 = 5 → 5 hinschreiben
3 + 2 = 5 → 5 hinschreiben

Sprich so: 4 plus 3 gleich 7
6 plus 2 gleich 8 usw.

1 a) Addiere 3721 und 5146. Vervollständige die Stellenwerttafel, trage die Zahlen ein und rechne.

b) Addiere ebenso 2165 und 5724.

a)

	T	H	Z	E
+				

b)

	T	H	Z	E
+				

2 a) Berechne die Summe von 4220 und 1429. Rechne in einer Stellenwerttafel in deinem Heft.

b) Bestimme ebenso die Summe von 3265 und 4622.

Addiere 2537 und 4628.

	T	H	Z	E
+	2	5	3	**7**
	$\underset{1}{4}$	6	$\underset{1}{2}$	**8**
	7	1	6	**5**

Rechne so:

8 + 7 = 15 → **5** hinschreiben, **1 übertragen**
1 + 2 + 3 = 6 → 6 hinschreiben
6 + 5 = 11 → 1 hinschreiben, 1 übertragen
1 + 4 + 2 = 7 → 7 hinschreiben

Sprich so: **8** plus **7** gleich **15**
3 plus 3 gleich 6 usw.

3 Addiere in einer Stellenwerttafel:

a) 4125 + 2516

b) 7483 + 1695

c) 6344 + 2796

Keine Probleme beim schriftlichen Addieren!

Das schriftliche Addieren in einer Stellenwerttafel ist zu umständlich. Rechne daher ohne sie. Denke daran: Trotzdem müssen die Zahlen stellenwertgerecht untereinandergeschrieben werden. Das heißt, es müssen Einer unter Einern, Zehner unter Zehnern usw. stehen.

Beispiel: 2147 + 896

falsch: ~~2147 / + 896~~ (not place-value aligned)

richtig:

```
  2147
+  896
```

Rechnung:

```
  2147
+  896
  111
  3043
```

6 + 7 = 13 ⟶ **③** hinschreiben
1 Übertrag
1 + 9 + 4 = 14 ⟶ ④ hinschreiben
1 Übertrag
1 + 8 + 1 = 10 ⟶ ⓪ hinschreiben
1 Übertrag
1 + 2 = 3 ⟶ ③ hinschreiben

1 Rechne im Heft.

a) 8256 + 341 = ____ b) 876 + 5249 = ____ c) 1473 + 3521 = ____
d) 7120 + 4953 = ____ e) 6721 + 943 = ____ f) 937 + 17202 = ____

Beim Addieren von 3 oder mehr als 3 Zahlen steigt der Rechenaufwand. Achte hier besonders auf stellenwertgerechtes Untereinanderschreiben der Ausgangszahlen.

Beispiel: 672 + 3405 + 96 = 4173

```
   672
+ 3405
+   96
   111
  4173
```

2 a)

$$\begin{array}{r} 4712 \\ +\ 856 \\ +\ 2173 \\ \hline \\ \hline \end{array}$$

b)

$$\begin{array}{r} 704 \\ +\ 1256 \\ +\ 2579 \\ \hline \\ \hline \end{array}$$

3 Sind hier die Zahlen zum Addieren richtig untereinandergeschrieben? Schreibe die Aufgabe richtig auf und rechne sie.

```
   4215
+  317
+  48
+  1057
```

4 Schreibe auch diese Aufgabe richtig auf und rechne sie.

```
   3019
+    79
+  109
+  1432
```

5 Addiere diese Zahlen: 4125, 173, 892 und 1708. Achte beim Aufschreiben darauf, dass Einer (E) unter Einern, Zehner (Z) unter Zehnern usw. stehen.

6 a) Addiere 821, 3710, 210, 1765.

b) Rechne 1251 + 28 + 108 + 4205.

7 Findest du die fehlenden Ziffern?

```
a)    2_31      b)    3__1      c)    __81
   + 167_          +   976         + 387_
   + 52_7          + 5432          + 15_7
   ------          ------          ------
     _317            _82_            8220

d)    _300      e)    256_      f)    42_3
   + 2_61          +   3_4         + _241
   +   8_2         + 6_06          + 241_
   ------          ------          ------
     771_            _129            9_67
```

So subtrahierst du in Stellenwerttafeln (durch Ergänzen)

	T	H	Z	E
	3	5	8	**5**
–	1	2	3	**1**
	2	3	5	**4**

Wir subtrahieren schriftlich durch Ergänzen.

Die ergänzte Zahl wird beim Sprechen betont und hingeschrieben.

Rechne so:

1 + **4** = **5** → **4** hinschreiben
3 + 5 = 8 → 5 hinschreiben
2 + 3 = 5 → 3 hinschreiben
1 + 2 = 3 → 2 hinschreiben

Sprich so: **1** plus **4** gleich **5**
3 plus 5 gleich 8 usw.

1 Rechne wie im Beispiel.

a)

	T	H	Z	E
	4	8	9	2
–	2	3	4	1

b)

	T	H	Z	E
	7	5	6	2
–	4	5	2	0

2 Subtrahiere schriftlich:

a) 5726 – 2415 b) 6079 – 4016

Fertige dazu Stellenwerttafeln an, trage die Zahlen ein und rechne.

Hier ist die Rechnung etwas schwieriger:

	T	H	Z	E
−	4	7	3	**5**
	1_1	8_1	5_1	**7**
	2	8	7	**8**

Rechne so:

7 + 8 = 15 → **8** hinschreiben, **1** übertragen
1 + 5 + 7 = 13 → 7 hinschreiben, 1 übertragen
1 + 8 + 8 = 17 → 8 hinschreiben, 1 übertragen
1 + 1 + 2 = 4 → 2 hinschreiben

Sprich so: **7** plus **8** gleich **15**
6 plus 7 gleich 13 usw.

3 Rechne wie oben.

a)

	T	H	Z	E
−	8	2	1	2
	1	6	7	5

b)

	T	H	Z	E
−	4	0	2	1
	1	4	3	1

4 Trage die Zahlen in Stellenwerttafeln ein und rechne:

a) 7621 − 3456

b) 8700 − 2469

Schriftliches Subtrahieren (durch Ergänzen) ist ganz einfach

Das Rechnen in Stellenwerttafeln ist zu umständlich.
Wir zeigen dir hier noch einmal an einer Musteraufgabe, wie du rechnen musst.

Achte weiterhin auf stellengerechtes Schreiben der Zahlen!

Beispiel: 6243 – 568

Rechnung:

```
   6243
 –  568
    111
 ------
   5675
 ======
```

Sprechweise:
Die zweite Zahl, die ergänzte Zahl, betonen und hinschreiben:

8 + 5 = 13 → **5** hinschreiben, **1** Übertrag
1 + 6 + 7 = 14 → 7 hinschreiben, 1 Übertrag
1 + 5 + 6 = 12 → 6 hinschreiben, 1 Übertrag
1 + 5 = 6 → 5 hinschreiben

1 Rechne stellengerecht im Heft.

a) 7234 – 4356 = ____	8137 – 495 = ____	6271 – 1350 = ____
b) 2514 – 946 = ____	3214 – 2931 = ____	4953 – 948 = ____
c) 2341 – 1246 = ____	7921 – 4302 = ____	4040 – 149 = ____

2 Wo wurde falsch gerechnet?
Suche die Fehler und rechne die Aufgaben richtig aus.

```
a)   7885     b)   4763     c)   5007
   – 5798        –  984        – 3218
   ------        ------        ------
     2183          3871          2889
```

3 Suche die fehlenden Ziffern.
Kontrolliere dein Ergebnis, indem du die Subtraktion ausführst.

```
a)   _8__     b)   1_43
   – 3_47        –  7_8
   ------        ------
     2563          _07_
```

Zwei Zahlen subtrahieren (durch Ergänzen)

Soll mehr als eine Zahl abgezogen werden,
rechnet man am besten so:

Beispiel: 5430 − 147 − 2514

Rechnung:

```
  5430
−  147
− 2514
   112
------
  2769
======
```

Sprechweise:
Die zweite Zahl, die ergänzte Zahl, betonen und hinschreiben:

4 + 7 + 9 = 2 0	→ **9** hinschreiben	**2** Übertrag
2 + 1 + 4 + 6 = 1 3	→ 6 hinschreiben	1 Übertrag
1 + 5 + 1 + 7 = 1 4	→ 7 hinschreiben	1 Übertrag
1 + 2 + 2 = 5	→ 2 hinschreiben	

1 Rechne wieder stellengerecht im Heft:

a) 7241 − 1234 − 897 = ______ b) 6524 − 2341 − 1467 = ______

c) 4502 − 897 − 1374 = ______ d) 8300 − 2519 − 376 = ______

e) 8812 − 429 − 3507 = ______ f) 6000 − 4213 − 1630 = ______

2 Subtrahiere die Zahlen in Pfeilrichtung schriftlich voneinander. Kennzeichne den Weg, der zur kleinsten Ergebniszahl führt.

Rechne so:

```
  4875
−  695
− 2786
−  973
------

======
```

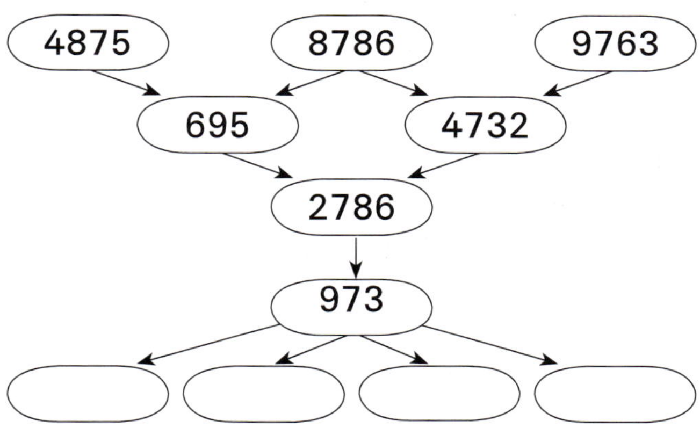

3 Jede Aufgabe kannst du durch eine Gegenaufgabe kontrollieren.

a)

```
  3278          ☐
+  275       −  275
+ 1564       − 1564
------       ------
  ☐            ___
======       ======
```

b)

```
  5791          ☐
− 2822       + 2822
− 1238       + 1238
------       ------
  ☐            ___
======       ======
```

So subtrahierst du in Stellenwerttafeln (durch Abziehen)

Wie du weißt, kann man Subtraktionsaufgaben entweder durch **Ergänzen** oder durch **Abziehen** lösen.

Ergänzen:

2512 + ☐ = 3765

Abziehen:

3765 – 2512 = ☐

Das schriftliche Subtrahieren durch Ergänzen hast du auf den Seiten 40 bis 43 wiederholt. Hier sollen die Subtraktionen durch **Abziehen** gelöst werden.

So rechnest du schriftlich: **3765 – 2512 = ?**

	T	H	Z	E
	3	7	6	5
–	2	5	1	2
	1	**2**	**5**	**3**

Beginne immer mit den Einern und rechne von oben nach unten.

Rechne so:

5 – 2 = **3** → schreibe **3**
6 – 1 = **5** → schreibe **5**
7 – 5 = **2** → schreibe **2**
3 – 2 = **1** → schreibe **1**

Sprich so:

5 minus 2 gleich **3**
6 minus 1 gleich **5**
7 minus 5 gleich **2**
3 minus 2 gleich **1**

1 Rechne und sprich wie im Beispiel.

a)

	T	H	Z	E
	8	4	8	2
–	4	3	5	1

b)

	T	H	Z	E
	4	7	8	5
–	2	3	7	5

2 Subtrahiere auch hier durch Abziehen. Schreibe zunächst die Zahlen in eine Stellenwerttafel. Trage sie stellenwertgerecht ein, also Einer unter Einer, Zehner unter Zehner usw.

a) 7654 – 3142   b) 9716 – 5214

c) 8735 – 612   d) 2876 – 726

Die Rechnung wird etwas schwieriger, wenn es **Überträge** gibt.

So rechnest du schriftlich: **3542 – 1625 = ?**

	T	H	Z	E
	2		3	
	~~3~~	5	~~4~~	2
–	1	6	2	5
	1	**9**	**1**	**7**

Rechne und sprich so:

2 minus 5 geht nicht; (ich muss **wechseln**)
eins herüber bleibt 3;
12 minus 5 gleich **7**;
3 minus 2 gleich **1**;
5 minus 6 geht nicht; (wechseln)
eins herüber bleibt 2;
15 minus 6 gleich **9**;
2 minus 1 gleich **1**

3 Rechne und sprich ebenso:

a)

	T	H	Z	E
	7	6	3	8
–	3	9	8	4

b)

	T	H	Z	E
	4	5	3	2
–	1	6	7	8

4 Rechne und verwende Stellenwerttafeln.

a) 4567 – 987   b) 6482 – 3791

Achtung: Nullen in Zahlen können beim Rechnen Schwierigkeiten bereiten!

	T	H	Z	E
	3	2	9	
	~~4~~	~~3~~	~~0~~	5
–	1	5	3	7
	2	**7**	**6**	**8**

Rechne und sprich so:

5 minus 7 geht nicht; (ich muss **wechseln**)
(eins herüber von 0 Zehnern geht nicht, wechseln);
eins herüber von 3 Hundertern bleibt 2;
eins herüber von 10 Zehnern bleibt 9;
15 minus 7 gleich **8**;
9 minus 3 gleich **6**;
2 minus 5 geht nicht; (wechseln)
eins herüber bleibt 3;
12 minus 5 gleich **7**;
3 minus 1 gleich **2**

5 Rechne und sprich ebenso. Trage dazu die Zahlen in eine Stellenwerttafel ein.

a) 5903 – 2745   b) 7049 – 5481

Schriftliches Subtrahieren (durch Abziehen) ist ganz einfach

Die Stellenwerttafel als Lösungshilfe hast du jetzt nicht mehr nötig. Achte weiterhin auf **stellenwertgerechtes** Schreiben der Zahlen. Weder an Rechnung noch Sprechweise ändert sich etwas.

6240 – 965 = ?

	5	1	3	
	~~6~~	~~2~~	~~4~~	0
–		9	6	5
	5	**2**	**7**	**5**

Rechne und sprich so:

0 minus 5 geht nicht; (ich muss **wechseln**)
eins herüber bleibt 3;
10 minus 5 gleich **5**;
3 minus 6 geht nicht; (wechseln)
eins herüber bleibt 1;
13 minus 6 gleich **7**;
1 minus 9 geht nicht; (wechseln)
eins herüber bleibt 5;
11 minus 9 gleich **2**;
5 minus 0 gleich **5**

1 Rechne ebenso:

a) 7543 – 842
b) 3742 – 1956
c) 8245 – 3514
d) 6721 – 6549
e) 4625 – 876
f) 5240 – 1765

2 Achte hier auf Nullen!

a) 6502 – 785
b) 7008 – 2561
c) 4305 – 987

Jede Rechnung sollte kontrolliert werden. Das gelingt am besten mit einer Probeaufgabe.

Beispiel:

Aufgabe:	Probeaufgabe:
3	
7~~4~~25	3064
– 4361	+ 4361
	1
3064	7425

Eine Subtraktionsaufgabe wird also durch eine Additionsaufgabe kontrolliert. Stimmt das Ergebnis der Probeaufgabe mit der Ausgangszahl der Aufgabe überein, hast du richtig gerechnet.

3 Rechne jede Aufgabe. Bilde die entsprechende Probeaufgabe. Löse auch sie und überprüfe damit deine Rechnung.

a)
```
  7 4 0 5          [    ]
- 3 4 7 6        + 3 4 7 6
---------        ---------
[      ]  ↗        7 4 0 5
```

b)
```
  8 6 2 7          [    ]
-   9 8 9        +   9 8 9
---------        ---------
[      ]  ↗        8 6 2 7
```

4 Welche Aufgabe ist falsch gerechnet? Bilde zu jeder Aufgabe die Probeaufgabe. Bei welcher stimmt das Ergebnis der Probeaufgabe mit der Ausgangszahl der Aufgabe nicht überein? Löse sie richtig.

a)
```
     0
  3125
- 2094
------
  1031
```

b)
```
  3 1 9
  4201
- 1485
------
  2716
```

c)
```
  4 2
  5345
- 2493
------
  1862
```

Manchmal musst du zwei oder mehr als zwei Zahlen abziehen.

8751 – 341 – 2451 – 845 = ?

Rechne so:

```
   341          4
+ 2451        8751
+  845      - 3637
  1 1       ------
------        5114
  3637  ↗
```

Zerlege die Aufgabe also in eine Additions- und in eine Subtraktionsaufgabe.

5 Kontrolliere das Ergebnis des Beispiels so, Schritt für Schritt:

```
  8 7 5 1          [    ]           [    ]
-   3 4 1  ↗    - 2 4 5 1  ↗      -   8 4 5
---------       ---------         ---------
[      ]        [      ]          [      ]
```

6 Rechne und löse zur Kontrolle drei Subtraktionsaufgaben wie in Aufgabe 5.

9435 – 2746 – 3218 – 977

Aufpassen beim schriftlichen Multiplizieren!

1 a) Wie viel ist 1327 · 4?
Du kannst so rechnen:

1327 · 4 =

1000 · 4 = 4000
+ 300 · 4 = 1200
+ 20 · 4 = 80
+ 7 · 4 = 28

1327 · 4 = 5308

b) Rechne ebenso:
2518 · 5

2518 · 5 =

____
+ ________
+ ________
+ ________

____

c) Du kannst 1327 · 4
aber auch so rechnen:

1327
+ 1327
+ 1327
+ 1327

____

d) Berechne in gleicher
Weise: 2518 · 5

Schriftlich rechnet man so:

1327 · 4
5308

4 · 7 = 28 → **8** hinschreiben, **2** übertragen
4 · 2 + **2** = 10 → 0 hinschreiben, 1 übertragen
4 · 3 + 1 = 13 → 3 hinschreiben, 1 übertragen
4 · 1 + 1 = 5 → 5 hinschreiben

2 Rechne schriftlich:

a) 2345 · 7   b) 4017 · 5   c) 6326 · 4

3 Rechne auch:

a) 4312 · 6   b) 7213 · 4   c) 8217 · 3

Mit Zehnerzahlen lässt sich leicht multiplizieren:

3253 · **30** = 3253 · **3** · **10**
da **30** = **3** · **10**

Du kannst die Aufgabe daher in zwei Schritten lösen:

3253 · **3**		**9759** · **10**
9759	→	97590

4 Rechne ebenso in zwei Schritten:
1782 · 40

Die beiden Multiplikationsaufgaben oben fasst man so zusammen:

3253 · **30**
9759**0**

5 Rechne ebenso in einer Multiplikationsaufgabe:

a) 1782 · 40

b) 3507 · 70

c) 6321 · 50

Bei diesen Aufgaben ist die Rechnung schwieriger:

4327 · **46** = 4327· **40** + 4327 · **6**, da: **46** = **40** + **6**

Du kannst so rechnen:

4327 · 40		
173080	→	173080
4327 · 6		+ 25962
25962	↗	199042

oder kürzer:

4327 · 46
173080
25962
199042

Die Null kannst du auch weglassen. Achte aber darauf, dass du mit den Zehnern beginnst und stellengerecht schreibst!

6 Rechne die Aufgabe 2456 · 53 ausführlich:

2456 · 50		
______	↘	______
2456 · 3	↗	+ ______
______		______

kürzer:

2456 · 53
______
______
______

Vermeide beim schriftlichen Multiplizieren unnötige Fehler!

Beim Multiplizieren mit 2 oder 3 Zahlen musst du auf genaues Hinschreiben achten.

Beispiel:

```
1752 · 39          1752 · 329
 5256               5256
  15768              3504
 68328                15768
                    576408
```

1 Multipliziere schriftlich:

a) 4125 · 26

Denke daran, du musst mit den Zehnern beginnen!

b) 4325 · 17

2 Rechne schriftlich:

a) 2146 · 23

b) 743 · 86

Achte auf Nullen! Aufgaben mit Nullen können zu Fehlern verführen.

Denke daran: 3 · 0 = 0 . . .

Ist ein Malnehmer **0,** so ist auch das Ergebnis **0**.

Beispiel: 1602 · 4

falsch: 1602 · 4 → 648 (durchgestrichen)

richtig: 1602 · 4 → 6408

3 Aufgepasst bei diesen Aufgaben!

a) 2502 · 3 = ______
1046 · 7 = ______

b) 2520 · 3 = ______
2008 · 9 = ______

c) 2052 · 3 = ______
3040 · 7 = ______

4 Achte auf Nullen! Rechne die Aufgaben zu Ende.

a) 273 · 205
546
1365
______

b) 421 · 380
1263
33680
______

c) 340 · 26
680
2040
______

Löse ebenso:

d) 371 · 503 = ______
1125 · 305 = ______

e) 1721 · 250 = ______
486 · 340 = ______

f) 230 · 87 = ______
1250 · 23 = ______

5 Überprüfe diese Rechnungen. Zwei davon sind falsch. Rechne sie richtig aus.

a) 4025 · 26
8250
24150
106650

b) 1009 · 24
2018
4036
24216

c) 3104 · 35
9312
15520
108640

d) 7020 · 74
49144
2880
494320

6 Kannst du herausfinden, welche Zahlen hier fehlen?

a) 4 253 · _ _
_ _53
_ _ _65
______

b) 2 1_ _ · 35
_393
_ _ _ _ _
______

7 Überprüfe die Ergebnisse. In der Tabelle sind drei Zahlen falsch. Rechne die Aufgaben richtig aus.

·	7	28	302
324	2268	9072	97048
209	1463	5552	63118
630	4410	17670	190260

Schriftliches Dividieren ist leider schwieriger als Multiplizieren

1 Die Aufgabe 9576 : 7 können wir so lösen:

9576 : 7 = ☐

```
 – 7000 ——→ 1000
   2576      +
 – 2100 ——→  300
    476      +
  – 420 ——→   60
     56      +
   – 56 ——→    8
      0     1368
```

9576 : 7 = **1368**

Schriftlich rechnet man so:

```
T H Z E        T H Z E
9 5 7 6 : 7 =  1 3 6 8
7
2 5
2 1
  4 7
  4 2
    5 6
    5 6
      0
```

a) Löse ebenso: 6152 : 4

6152 : 4 = ☐

b) Rechne ebenso:

T H Z E   T H Z E

6 1 5 2 : 4 = ______

2 a) Rechne im Heft:

T H Z E   T H Z E

8 5 2 6 : 6 = ______

b) T H Z E   T H Z E

6 7 8 0 : 4 = ______

Bei dieser Aufgabe musst du besonders auf die Stellenwerte achten:

```
T H Z E       T H Z E
3 5 2 5 : 5 =   7 0 5
3 5
  0 2              2 : 5 ergibt 0
    0
    2 5
    2 5
      0
```

3 Rechne ebenso:

T H Z E   T H Z E
6 3 4 9 : 7 = ________

Beim Dividieren kannst du jetzt die Stellenwertbezeichnungen T, H, Z, E weglassen.

Beispiel: 2976 : 6

Rechnung:

```
2 9 7 6 : 6 = 4 9 6
2 4
  5 7
  5 4
    3 6
    3 6
      0
```

Sprechweise:

2 : 6		geht nicht
29 : 6 =	→ **4**	hinschreiben
4 · 6 = **24**		Multiplikationskontrolle:
	→ **24**	hinschreiben, von 29 abziehen und 7 herunterholen
57 : 6	→ 9	hinschreiben
9 · 6 =	→ 54	hinschreiben, abziehen und 6 herunterholen
36 : 6	→ 6	hinschreiben, abziehen

4 Rechne ebenso, und schreibe hier nur die Ergebnisse auf.

a) 4375 : 5 = ________ b) 29133 : 9 = ________ c) 17488 : 4 = ________

d) 25362 : 6 = ________ e) 15342 : 3 = ________ f) 9816 : 8 = ________

Achte auf Nullen!
Denke daran: 5 : 5 = 1 1 · 5 = 5
0 : 5 = **0** **0** · 5 = **0**

5 a) Rechne diese Aufgaben zu Ende:

```
THZE       THZE
5250 : 5 = 10____          7035 : 7 = 10____
5                          7
02                         00
 0                          0
 25                         03
 __                         __

   __                         __
   0                          0
```

6 Schaffst du diese Aufgaben allein?

a) 3120 : 3 = ______ b) 4280 : 4 = ______ c) 7260 : 6 = ______

8048 : 8 = ______ 7206 : 6 = ______ 5075 : 5 = ______

7 Überprüfe die Rechnungen. Es sind 2 Aufgaben falsch. Achte besonders auf die Nullen.

```
a) 30200 : 5 = 6 0 4 0
   30
    02
     0
     20
     20
      00
      00
       0
```

```
b) 25400 : 4 = 6 3 5
   24
    14
    12
     20
     20
      0
```

```
c) 63035 : 7 = 9 0 0 5
   63
    00
    00
     03
     00
      35
      35
       0
```

```
d) 24320 : 8 = 3 4 0
   24
    032
     32
      00
      00
       0
```

Schriftliches Dividieren durch zweistellige Zahlen

Bei der Aufgabe 91448 : 28 musst du zunächst schätzen, was 91 : 28 ergibt. Mache es, indem du den Teiler 28 rundest:

91 : 28 ≈ **91 : 30** ≈ **3**
„≈“ bedeutet: ist ungefähr gleich

Kontrolle : 28 · **3** = 84, 91 − 84 = 7

1 Schätze auch hier:

a) 74 : 28 ≈ ________ ≈ ________

Kontrolle: ________________

b) 184 : 28 ≈ ________ ≈ ________

Kontrolle: ________________

2 Beachte: Bei der Kontrolle darf der Rest nie gleich oder gar größer als der ursprüngliche Teiler sein. Kontrolliere diese Schätzungen und berichtige sie:

a) 115 : 28 ≈ 115 : 30 ≈ 3

Kontrolle: ________________

115 : 28 ≈ 115 : 30 ≈ ________

Kontrolle: ________________

b) 168 : 28 ≈ 168 : 30 ≈ 5

Kontrolle: ________________

168 : 28 ≈ 168 : 30 ≈ ________

Kontrolle: ________________

3 Runde diese Teiler: Bedenke, ab Endziffer 5 wird aufgerundet.

a) 49 ≈ 50	b) 44 ≈ 40	c) 35 ≈ 40
56 ≈ ____	53 ≈ ____	62 ≈ ____
17 ≈ ____	76 ≈ ____	64 ≈ ____
41 ≈ ____	55 ≈ ____	74 ≈ ____

4 Schätze, wie oft es geht:

315 : 38 ≈ ________ ≈ ________

Kontrolle: ________________

372 : 45 ≈ ________ ≈ ________

Kontrolle: ________________

156 : 24 ≈ ________ ≈ ________

Kontrolle: ________________

277 : 51 ≈ ________ ≈ ________

Kontrolle: ________________

781 : 94 ≈ ________ ≈ ________

Kontrolle: ________________

817 : 89 ≈ ________ ≈ ________

Kontrolle: ________________

5 Rechne jetzt die Aufgabe von S. 55 oben (farbiger Kasten). Verwende die Teilergebnisse von dort.

9 1 4 4 8 : 2 8 = 3 ____
8 4
 7 4

6 Rechne:

a) 36120 : 43 = ________________

b) 35405 : 73 = ________________

7 Rechne:

a) 478016 : 88 = ________________

b) 342144 : 99 = ________________

c) 59185 : 35 = ________________

d) 84318 : 46 = ________________

So überprüfst du deine Rechnungen

Vertrauen ist gut, aber Kontrolle ist besser!

Ob die Multiplikationsaufgabe $37 \cdot 5 = 185$ richtig ist, kannst du mit der Divisionsaufgabe $185 : 5$ prüfen.

1 Welches Ergebnis musst du erhalten, wenn die Multiplikationsaufgabe richtig gerechnet wurde?

____

2 Prüfe diese Aufgabe:
$524 \cdot 48 = 25152$

a) Welche Divisionsaufgabe musst du rechnen?

____

b) Welches Ergebnis erwartest du?

____

c) Rechne die Divisionsaufgabe in deinem Heft.

____

d) War die Multiplikationsaufgabe richtig?

____

3 Kontrolliere die Aufgabe:
$573 \cdot 84 = 48216$

a) Welche Divisionsaufgabe musst du rechnen?

____

b) Welches Ergebnis erwartest du?

____

c) Rechne die Aufgabe.

____

d) War die Multiplikationsaufgabe richtig?

____

4 a) Rechne $631 \cdot 35$ schriftlich.

b) Durch welche Divisionsaufgabe kannst du deine Rechnung kontrollieren? Führe sie aus.

c) War deine Aufgabe richtig?

5 a) Rechne: 1732 · 71

b) Löse zur Kontrolle eine Divisionsaufgabe.

Eine Multiplikationsaufgabe lässt sich durch eine Divisionsaufgabe überprüfen. Kontrolliere jetzt die Divisionsaufgabe durch eine Multiplikationsaufgabe.

6 a) Durch welche Multiplikationsaufgabe kannst du 8160 : 85 = 96 überprüfen?

b) Welches Ergebnis erwartest du?

c) Rechne die Multiplikationsaufgabe.

d) War das Ergebnis der Divisionsaufgabe richtig?

7 Überprüfe die Aufgabe

2944 : 46 = 65

a) Welche Multiplikationsaufgabe musst du rechnen?

b) Welches Ergebnis erwartest du?

c) Rechne die Multiplikationsaufgabe.

d) War das Ergebnis der Divisionsaufgabe richtig?

8 a) Berechne: 20577 : 19

b) Kontrolliere dein Ergebnis durch eine Multiplikationsaufgabe.

c) War das Ergebnis richtig?

Achte auf Reste bei der Division!

Häufig gehen Divisionsaufgaben nicht auf. Es bleiben **Reste.**

Beispiel:

```
914 : 38 = 24
76
---
154
152
---
  2 → Rest 2
```

Würden wir die Aufgabe nur so schreiben 914 : 38 = 24, dann wäre diese Schreibweise unvollständig. Es muss aus der Schreibweise hervorgehen, dass wir den **Rest 2** haben, der eigentlich noch durch 38 zu teilen ist.
Also schreiben wir
914 : 38 = 24 + **2** : 38
oder 914 = 24 · 38 + **2**
oder auch kürzer: 914 : 38 = 24 **R 2**.

1 Rechne und schreibe das Ergebnis vollständig auf:

442 : 38 = ____________________

2 Rechne und verwende die Restschreibweise, so wie du es im Unterricht gelernt hast.

a) 7254 : 45 = ________________ b) 6725 : 29 = ________________

c) 84321 : 46 = ________________ d) 188205 : 25 = ________________

3 Rechne und beachte die Restschreibweise.

a) 17423 : 32 = ________________ b) 48543 : 57 = ________________

c) 59180 : 35 = ________________ d) 43056 : 25 = ________________

4 Kontrolliere die Divisionsaufgabe
35415 : 73 = 485 R 10
durch die Multiplikationsaufgabe

485 · 73

____

\+ 10 ← Rest addieren

____

5 Kontrolliere die Divisionsaufgabe
23420 : 45 = 520 R 20
durch eine Multiplikationsaufgabe.
Vergiss nicht das Addieren des Restes!

6 Kontrolliere die Divisionsaufgabe
106860 : 19 = 5624 R 4
durch eine Multiplikationsaufgabe.
Vergiss nicht das Addieren des Restes!

7 Rechne die Divisionsaufgabe und kontrolliere sie durch eine Multiplikation.

67258 : 33 = ____________

8 Rechne die Divisionsaufgabe und kontrolliere sie durch eine Multiplikation.

75291 : 61 = ____________

Zusammenfassung

Hier findest du wieder alles Wichtige aus diesem Kapitel zum Nachschlagen.

<table>
<tr><th>Begriffe</th><th>Erläuterungen</th></tr>
<tr><td>Schriftliches Addieren
</td><td>325 + 1750 + 79

Stellenwertgerechtes Hinschreiben

    325
+ 1750
+   79
    1 1 1
―――
  215(4)
═══

Einer, Zehner usw. addieren:
9 + 0 + 5 = 1(4)
Übertrag   hinschreiben</td></tr>
<tr><td>Schriftliches Subtrahieren

durch Ergänzen

durch Abziehen</td><td>2435 − 948

Stellenwertgerechtes Hinschreiben

  243[5]
−   948
   1 1 1
―――
  148(7)
═══

Subtrahieren durch Ergänzen. Die ergänzte zweite Zahl betonen und hinschreiben:
8 + (7) = 1[5]
hinschreiben   Übertrag

Stellenwertgerechtes Hinschreiben

  1 3 2
  2̸4̸3̸5   5 minus 8 geht nicht;
−   948   eins herüber bleibt 2;
  148(7)   15 minus 8 gleich (7)
═══

3̸ durchstreichen, durch ➡ 2 ersetzen
(7) hinschreiben.</td></tr>
</table>

Schriftliches Subtrahieren von zwei oder mehr als zwei Zahlen

durch Ergänzen

6430 – 147 – 2514

Stellenwertgerechtes Hinschreiben

```
  6430
–  147
– 2514
   112
------
  3769
======
```

Vor dem Abziehen werden jeweils die abzuziehenden Zahlen addiert, erst dann wird ergänzt:

4 + 7 + (9) = 20

hinschreiben (9) — Übertrag (2)

durch Abziehen

6430 – 147 – 2514

Diese Aufgabe musst du in zwei Schritten lösen:

```
   147          532
+ 2514         6430
     1       – 2661
------       ------
  2661  →      3769
```

Die abzuziehenden Zahlen werden addiert, ihre Summe wird von der ersten Zahl abgezogen.

Schriftliches Multiplizieren

Beginnen mit der höchsten Stelle

```
1752 · 35
---------
  5256
   8760
---------
  61320
=========
```

Schriftliches Dividieren

```
1728 : 9 = 192
 9
 82
 81
  18
  18
   0
```

17 : **9** → (1) **hinschreiben**

1 · **9** = 9 Multiplikationskontrolle

17 – 9 = 8

2 herunterholen und 82 : 9 rechnen

Test

Überprüfe dein Wissen durch Rechnen dieser Aufgaben. Sie umfassen die Grundaufgaben des letzten Kapitels.

1. 7135 + 896 = ________ 497 + 4532 = ________
2. 546 + 8721 + 97 = ________ 74 + 2156 + 976 = ________
3. 8432 − 956 = ________ 7208 − 497 = ________
4. 8341 − 2543 − 869 = ________ 6708 − 498 − 2516 = ________
5. 4234 · 8 = ________ 4252 · 5 = ________
6. 4202 · 4 = ________ 4008 · 9 = ________
7. 1346 · 43 = ________ 145 · 321 = ________
8. 3285 : 9 = ________ 3265 : 5 = ________
9. 6150 : 6 = ________ 5406 : 6 = ________
10. 7253 : 5 = ________ 9241 : 8 = ________

Wer wollte bestreiten, dass das Umgehen mit Geld eine wichtige Sache ist. Hier kannst du wiederholen, wie man Geldbeträge umwechselt, mit ihnen rechnet und insbesondere mit der Kommaschreibweise arbeitet.

Diese Münzen und Geldscheine kennst du

1 Es gibt bei uns Münzen, die 1 ct, 2 ct, 5 ct, 10 ct, 20 ct und 50 ct wert sind.

Wie viele Cent besitzen Martin, Lena und Simon?

	50 ct	20 ct	10 ct	5 ct	2 ct	1 ct	
Lukas	4	0	2	3	0	1	4 · 50 ct + 0 · 20 ct + 2 · 10 ct + 3 · 5 ct + 0 · 2 ct + 1 · 1 ct = 200 ct + 20 ct + 15 ct + 1 ct = 236 ct
Martin	5	2	2	1	4	3	
Lena	1	3	6	5	8	1	
Simon	4	5	2	0	1	7	

2 Du sollst 82 Cent bezahlen. Trage in die Tabelle ein, mit welchen dieser Münzen du bezahlen könntest.

a)

10 ct	5 ct	2 ct	1 ct
7	2	2	–

b)

20 ct	10 ct	5 ct	2 ct	1 ct
3	2	–	1	–

100 Cent kann man in 1 Euro umwechseln: 100 ct = 1 €

3 Wechsle in die anderen Einheiten um:

a)

1 €	10 ct	1 ct
8	80	800
17		
25		
31		

b)

1 ct	10 ct	1 €
1200	120	12
2800		
600		
14500		

4 Bei uns kann man mit Geldscheinen bezahlen, die 500 €, 100 €, 50 €, 20 €, 10 € und 5 € wert sind. Welche Beträge besitzen diese Schüler?

	500 €	100 €	50 €	20 €	10 €	5 €	Betrag
Lena	2	0	3	1	4	2	
Maya	8	2	1	0	3	1	
Lukas	3	8	0	1	4	6	

5 Wie kannst du diese Beträge mit lauter gleichen Geldscheinen bezahlen?

		Geldscheine					
Beträge		500 €	100 €	50 €	20 €	10 €	5 €
	1000 €	2 · 500 €					
	4000 €						
	500 €						
	1500 €						

6 a) Ein Kaufmann nimmt an einem Tag folgende Beträge ein: 800 €, 500 €, 200 €, 150 €. Wie viel hat er insgesamt eingenommen?

b) Er kauft Waren im Wert von 150 €, 300 €, 400 €, 1000 €. Wie viel € gibt er aus?

c) In der Kasse befinden sich morgens 4000 €. Wie viel Geld enthält sie abends?

7 a) Auf ein Sparbuch werden nacheinander eingezahlt: 380 €, 120 €, 500 €, 1200 €. Wie viel € sind das insgesamt?

b) Das Sparbuch hatte schon vorher ein Guthaben von 2500 €. Wie groß ist das neue Guthaben?

c) Folgende Beträge werden abgehoben: 270 €, 500 €, 130 €, 800 €. Welches Guthaben bleibt übrig?

So schreibst du Geldwerte mit Komma

1 Fülle die Tabelle aus:

1 €	10 ct	1 ct	Komma-schreibweise
3	4	5	3,45 €
1	3	7	
0	2	1	
5	0	3	
7	4	0	

Für **3 € 45 ct** schreibt man: **3,45 €**.

2 Schreibe diese Geldwerte mit Komma:

a) 2 € 5 ct = 2,05 €
8 € 15 ct = ______

b) 85 ct = 0,85 €
76 ct = ______

c) 12 € 3 ct = ______
28 ct = ______

3 Wandle in Cent zurück:

a) 1,45 € = 145 ct
9,36 € = ______

b) 3,07 € = ______
0,05 € = ______

c) 0,01 € = ______
0,10 € = ______

4 Wechsle in Euro und Cent ein und schreibe mit Komma:

a) 802 ct = 8 € 2 ct = 8,02 €
617 ct = 6 € 17 ct = ______
1230 ct = ______ = ______

b) 17 ct = 0 € 17 ct = 0,17 €
85 ct = ______ = ______
5 ct = ______ = ______

5 Ordne diese Preise der Größe nach. Beginne mit dem teuersten.

4,37 € | 439 ct | 37 ct | 1,73 € | 14,73 € | 0,43 € | 4,73 € | 39 ct

6 Setze < oder = oder >.

a) 3,25 € > 320 ct
118 ct ☐ 1,18 €

b) 0,35 € ☐ 0,53 €
417 ct ☐ 3,17 €

c) 21,85 € ☐ 20,85 €
51 ct ☐ 0,51 €

Rechnen mit Geldwerten ist wichtig

Achtung!
Beim Rechnen mit Kommazahlen musst du aufpassen.

1 Diese Aufgaben kann man noch im Kopf rechnen.

a) 3,15 € + 2,25 € = ________
4,30 € + 1,70 € = ________

b) 11,30 € – 4,20 € = ________
9,70 € – 0,75 € = ________

c) 3,20 € · 3 = ________
1,80 € · 4 = ________

d) 12,60 € : 3 = ________
26,00 € : 4 = ________

Beim schriftlichen Rechnen mit Kommazahlen gehst du am besten so vor:
1. Kommazahlen in solche ohne Komma umwandeln.
2. Rechnung ausführen.
3. Ergebnis als Kommazahl schreiben.

Beispiel: **12,25 € + 0,79 € + 8,34 €**

1225 ct
+ 79 ct
+ 834 ct
2138 ct
= **21,38 €**

3,45 € · 12

345 ct · 12
345
690
4140 ct
= **41,40 €**

2 Rechne ebenso:

a) 14,27 € + 19,35 € + 0,84 € — 0,45 € + 11,27 € + 145,25 €

b) 8531,27 € – 653,34 € — 1195,30 € – 867,45 €

c) 12,48 € · 37 — 0,97 € · 45

d) 213,84 € : 18 — 561,60 € : 24

Addieren und subtrahieren kannst du aber auch mit Kommazahlen. Schreibe dazu die Geldwerte so, dass **Komma unter Komma** steht.

12,25 € + 0,79 € + 8,34 €

```
  12,25 €
+  0,79 €
+  8,34 €
---------
  21,38 €
=========
```

17,35 € – 8,81 €

```
  17,35 €
–  8,81 €
---------
   8,54 €
=========
```

3 Rechne ebenso:

a) 24,56 € + 19,08 € + 5,66 €
425,10 € + 86,45 € + 0,75 €

b) 132,75 € – 81,54 €
374,38 € – 147,16 € – 8,35 €

4 Die Mutter will 1 kg Bauchfleisch, 1 kg Schinken und 1 kg Leberwurst kaufen.

a) Was hätte sie vor dem Sonderangebot bezahlen müssen?

b) Sie hat das Sonderangebot berücksichtigen können. Wie viel musste sie bezahlen?

c) Wie viel Geld hat sie gespart?

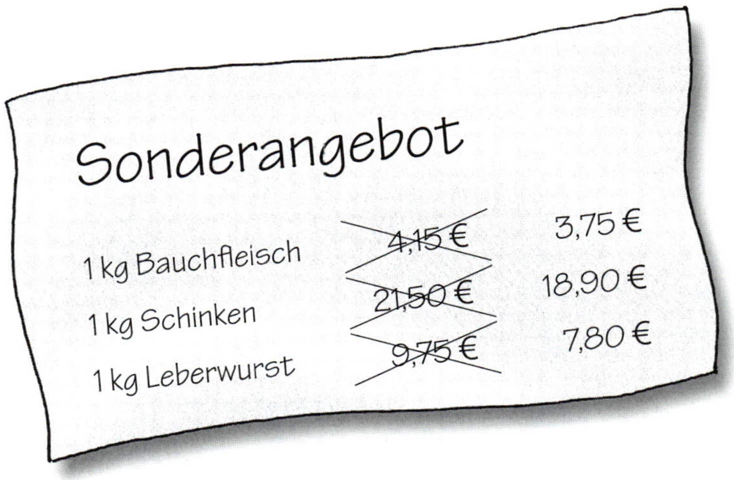

5 Du sollst 1 kg Mehl, 1 kg Zucker und 1 kg Grieß kaufen.

a) Wie viel musst du dafür im Supermarkt bezahlen?

b) Was kostet es im Kaufhaus?

c) Wo ist es günstiger zu kaufen? Wie viel Geld könntest du also sparen?

	Supermarkt	Kaufhaus
1 kg Mehl	0,89 €	0,98 €
1 kg Zucker	1,05 €	0,95 €
1 kg Grieß	1,17 €	1,26 €

Abwechslung kann nicht schaden!

1 So findest du den Weg durch den Irrgarten: Rechne die erste Aufgabe. Mit der Ergebniszahl beginnt die nächste Aufgabe, mit diesem Ergebnis die nächste usw.

Beispiel: 3 · 9 = 27 ⟶ 27 + 80 = 107 ⟶ 107 − 35 = . . .

Löse die Aufgaben möglichst im Kopf.

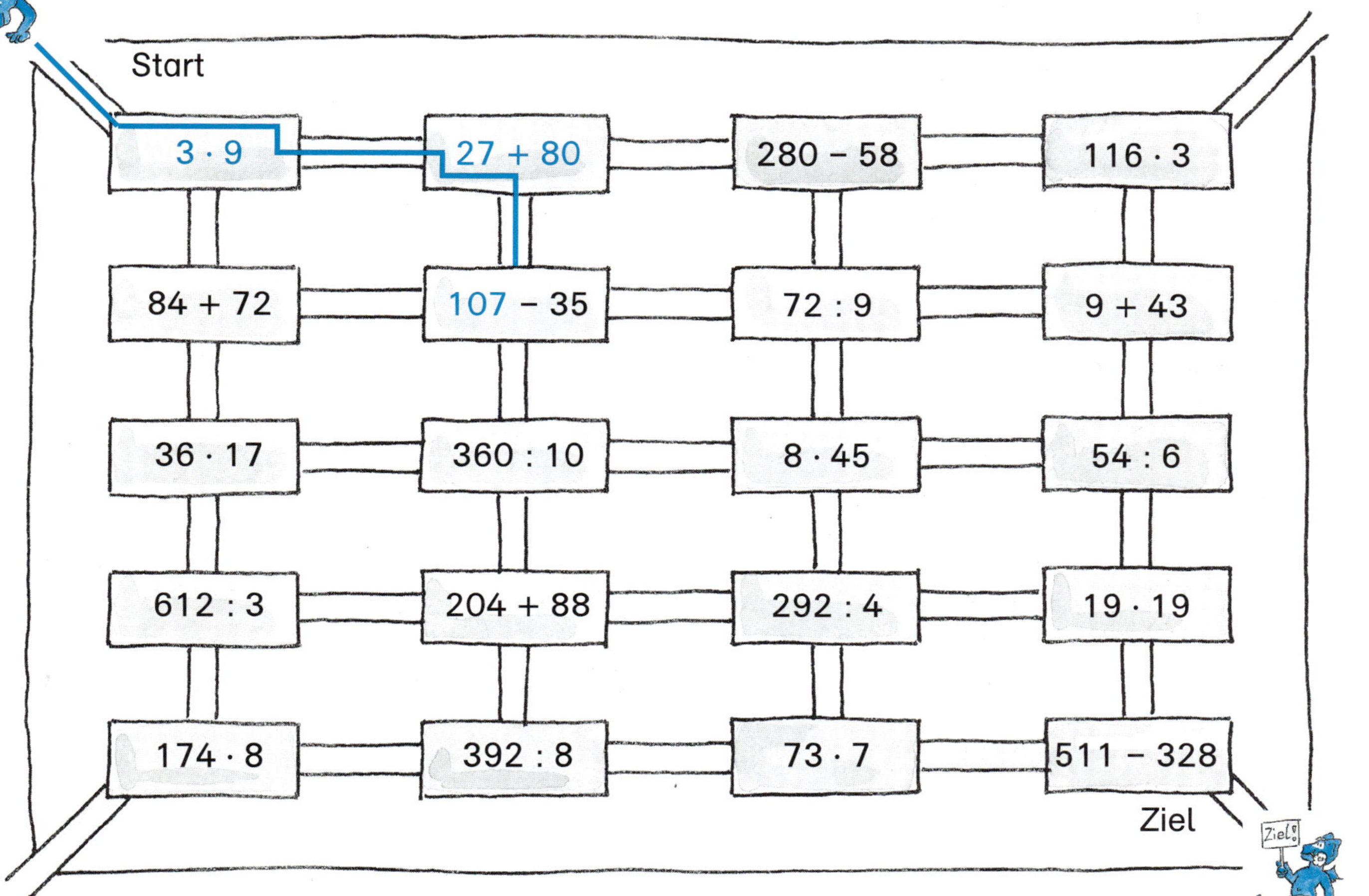

2 Kannst du das Kreuzzahlrätsel lösen? Rechne die Aufgaben im Kopf aus. Schreibe in jedes Feld nur eine Ziffer. Bei richtiger Lösung ergibt die Summe aller eingetragenen Ziffern 71.

Waagerecht:

A 507 − 90 = 417
C 56 : 7
D 210 : 70
E 995 − 259
F 41 · 6
H 4260 + 810

Senkrecht:

A 48 · 9
B 6800 + 960
C 9400 − 720
G 3 · 15
I 630 : 90

A 4	1	B 7	■	C
D	■	E		
F	G		■	
■	H		I	

Zusammenfassung

Hier findest du wieder alles Wichtige im Überblick.
Solltest du Probleme haben, schlage hier nach.

Begriffe	Erläuterungen und Beispiele
Umwechseln	**1 € = 100 ct** 5 € = 500 ct 700 ct = 7 €
Kommaschreibweise von Geldwerten 	3 € 25 ct = 3,25 € 25 ct = 0,25 € 5 ct = 0,05 € 1,75 € = 175 ct 0,75 € = 75 ct 0,05 € = 5 ct
Rechnen mit Geldwerten 	Du kannst das Rechnen mit Kommazahlen vermeiden, indem du die Kommazahlen in Größen **ohne** Komma verwandelst und das Ergebnis wieder als Kommazahl schreibst. **3,45 € · 12** 345 ct · 12 345 690 4140 ct **41,40 €**
Addieren und Subtrahieren von Kommazahlen	Notiere die Geldwerte so, dass **Komma unter Komma** steht. 12,25 € + 0,79 € + 8,34 € 12,25 € + 0,79 € + 8,34 € 21,38 €

Test

Hier findest du wieder alle wichtigen Aufgaben des letzten Kapitels. Löse sie und überzeuge dich, wie fit du nun im Rechnen mit Geldwerten bist.

1 Schreibe mit Komma:

a) 3 € 4 ct = ______ €
93 ct = ______ €
8 € 60 ct = ______ €

b) 3025 ct = ______ €
4 ct = ______ €
16 € 2 ct = ______ €

2 Verwandle in Cent:

a) 1,25 € = ______ ct
6,04 € = ______ ct
10,30 € = ______ ct

b) 0,50 € = ______ ct
133,07 € = ______ ct
0,02 € = ______ ct

3 Rechne schriftlich:

a) 285,17 € + 41,93 € + 2,04 €

b) 1795,13 € – 622,09 € – 15,80 €

c) 387,14 € · 28

d) 931,32 € : 36

4 Frau Koch kauft beim Bäcker 6 Brötchen zu je 25 ct, 4 Stück Kuchen zu je 1,25 € und ein Brot für 2,75 €.

a) Wie viel muss sie bezahlen?

b) Sie hat 50 € dabei. Wie viel bekommt sie zurück?

Die Unterteilung der Längenmaße ist im Laufe der Zeit immer den Bedürfnissen der Benutzer angepasst worden. Handwerker, aber auch Bastler arbeiten mit mm, cm, dm. Größere Längen misst man dagegen mit m und km.
In diesem Kapitel kannst du wiederholen, wie die Längenmaße umgerechnet werden, welche Bedeutung die Kommaschreibweise hat und wie man mit Längen rechnet. Beim Arbeiten mit dem Maßstab musst du diese Kenntnisse anwenden.

So schreibt man Längen mit Komma

Viele Längen misst man in m und cm.

1 m = 100 cm

1 Ein Zimmer ist 4 m 25 cm lang. Man kann solche Längen auf verschiedene Weise schreiben. Fülle die Tabelle aus.

	m	cm	Kommazahl
4 m 25 cm	4	25	4,25 m
3 m 78 cm	3	78	3,78 m
35 cm	0	35	0,35 m
12 m 5 cm	12	5	12,0~~0~~5 m
8 cm	0	8	0,08 m

2 Verwandle in cm:

a) 3,17 m = 317 cm
0,05 m = 5 cm
4,12 m = ______ cm
8,17 m = ______ cm

b) 32,01 m = ______ cm
0,80 m = ______ cm
1,55 m = ______ cm
0,01 m = ______ cm

c) 35,80 m = ______ cm
46 m = ______ cm
3,04 m = ______ cm
12 m = ______ cm

3 Schreibe als Kommazahl:

a) 17 cm = 0,17 m
820 cm = ______ m
4 cm = ______ m
3215 cm = ______ m

b) 500 cm = ______ m
335 cm = ______ m
12 cm = ______ m
2 cm = ______ m

c) 8140 cm = ______ m
9000 cm = ______ m
425 cm = ______ m
25 cm = ______ m

Die Längeneinheit m kann man auch in dm und cm unterteilen.

1 m = 10 dm = 100 cm
1 dm = 10 cm

4 Fülle die Tabelle aus.

	m	dm	cm	Kommazahl
4 m 25 cm	4	2	5	4,25 m
3 m 12 cm				
48 cm				
7 cm				
25 m 40 cm				

5 Verwandle

a) in dm

7 m = 70 dm
18 m = ______ dm
9 m = ______ dm
3 m = ______ dm

b) in cm

28 dm = 280 cm
19 dm = ______ cm
5 dm = ______ cm
20 dm = ______ cm

c) in m

40 dm = 4 m
80 dm = ______ m
120 dm = ______ m
250 dm = ______ m

Für genauere Messungen hat man die Längeneinheit cm in mm unterteilt.

1 cm = 10 mm

6 Auch hier verwendet man Kommazahlen. Für 3 cm 4 mm schreibt man 3,4 cm.

a) Schreibe als Kommazahl:

4 cm 5 mm = 4,5 cm ✓
8 cm 2 mm = 8,2 cm ✓
19 cm 1 mm = 19,1 cm ✓
5 mm = 0,5 cm ✓

b) Wandle in mm um:

3,8 cm = 38 mm
12,9 cm = 129 mm ✓
0,7 cm = 7 mm ✓
15,6 cm = 156 mm ✓

Große Strecken misst man in km.

1 km = 1000 m

7 Fülle die Tabelle aus.

	km	m	Kommazahl
4 km 250 m	4	250	4,250 km
3 km 168 m	3	168	3,168 Km
525 m	0	525	0,525 Km
17 km 800 m	17	800	17,800 Km
5 km 60 m	5	60	5,60 Km

8 Schreibe in m:

a) 2,750 km = 2750 m
8,125 km = ____ m
0,950 km = ____ m
0,050 km = ____ m

b) 12,125 km = ____ m
28 km = ____ m
0,840 km = ____ m
7 km = ____ m

c) 0,005 km = ____ m
0,080 km = ____ m
0,700 km = ____ m
3 km = ____ m

9 Schreibe in km:

a) 1450 m = 1,450 km
7200 m = ____ km
8000 m = ____ km
500 m = ____ km

b) 16250 m = ____ km
23500 m = ____ km
9300 m = ____ km
800 m = ____ km

c) 24000 m = ____ km
7500 m = ____ km
100 m = ____ km
6100 m = ____ km

Aufpassen beim Rechnen mit Längen!

1 Wer ist von den fünf Freunden der größte? Frank ist 1,45 m, Jürgen 141 cm, Martin 1,65 m, Uwe 1,56 m und Ingo 147 cm. Vergleiche! Schreibe so:

1,65 m	>		>		>		>	

2 Vergleiche und setze die Zeichen <, =, >:

a) 25 dm	=	250 cm	b) 6500 m	☐	0,650 km	c) 0,37 m	☐	28 cm
4,2 cm	☐	35 mm	4,3 dm	☐	46 cm	148 cm	☐	1,49 m
8,40 m	☐	84 dm	1,800 km	☐	1800 m	65 dm	☐	65 cm

Rechne schriftlich. Verwandle die **Längen in dieselbe Maßeinheit**, sodass du ohne Kommaschreibweise auskommst.

8,15 **m** + 0,78 **m** + 12,4 **dm** =
815 **cm** + 78 **cm** + 124 **cm**

```
  815 cm
+  78 cm
+ 124 cm
--------
 1017 cm = 10,17 m
```

3 Rechne ebenso:

a) 4,25 m + 148 cm + 46 cm — 7,125 km + 876 m + 0,521 km

b) 5,405 km − 3420 m — 48,4 dm − 359 cm

Wandle die Kommazahlen in solche **ohne Komma** um. Rechne mit ihnen und schreibe das Ergebnis als Kommazahl.

4,28 m · 12

```
428 cm · 12
-----------
       428
        856
-----------
   5136 cm = 51,36 m
```

4 Rechne ebenso:

a) 3,120 km · 15 — 36,80 m · 23 — 0,842 km · 17

b) 7,254 km : 9 — 39,15 m : 5 — 19,404 km : 12

Diese angewandten Aufgaben solltest du lösen können!

1 Herr Huber ist Vertreter.
Er ist viel mit dem Auto unterwegs.

a) Wie viele km hat er täglich zurückgelegt?

b) Wie viele km ist er in dieser 5-Tage-Woche gefahren?

Kilometerstände

morgens	abends	km täglich
12533	12847	
12847	13120	
13120	13876	
13876	14231	
14231	15105	

2 Herr Huber wohnt in A.

a) Er muss am Montag die Orte B und C besuchen. Er wählt natürlich den kürzesten Weg. Sieh dir die Entfernungen in der Zeichnung an. Überlege dir, wie er fahren muss. Bedenke, dass er abends wieder nach A zurück muss. Erhältst du auch für die Gesamtstrecke 288 km?

b) Am Dienstag will er C und E aufsuchen. Berechne genauso wie in a) die Gesamtstrecke.

c) Am Mittwoch sind die Orte B und D an der Reihe.

d) Für den Donnerstag ist der Besuch von C, E und D vorgesehen.

e) Wie viele km ist Herr Huber an den 4 Tagen insgesamt gefahren?

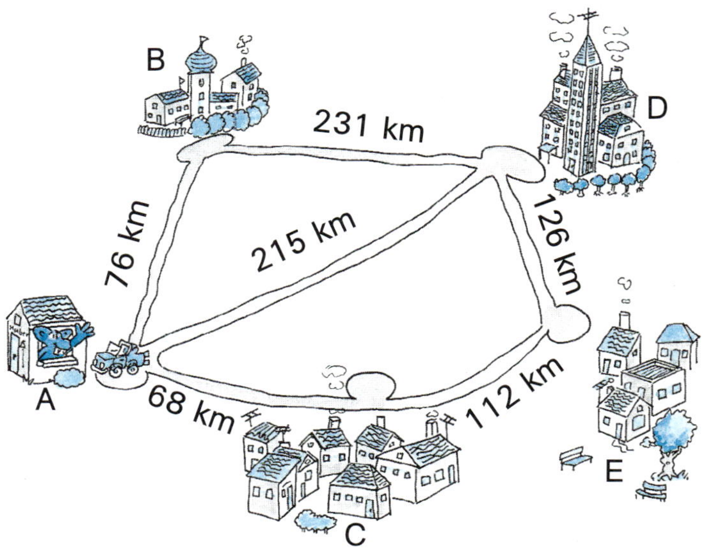

3 Jürgen macht eine Radtour. Er ist 6 Tage unterwegs. Dabei legt er folgende Entfernungen zurück: 45,4 km (Beachte: Da man überflüssige Nullen gern weglässt, schreibt man für 45,400 km kürzer 45,4 km); 36,7 km; 68 km; 59,1 km; 40 km und 35,5 km.

a) Wie lang ist die Gesamtstrecke?

b) Eigentlich wollte er 300 km fahren. Welche Strecke fehlt ihm noch?

4 a) Wie lang muss die Leiste für diesen Bilderrahmen sein?

b) Es sollen 12 solche Bilderrahmen hergestellt werden. Wie viele m Leiste benötigt man?

65 cm

1,12 m

5 Die Laufbahn um einen Sportplatz ist insgesamt 425 m lang.

a) Martin ist 15 Runden gelaufen. Welche Strecke ist das?

b) Peter hat sogar 18 Runden geschafft.

c) Eigentlich wollten sie 10 km laufen. Welche Strecken fehlen ihnen jeweils noch?

Für die **Hälfte eines Meters** schreibt man $\frac{1}{2}$ m (ein halber Meter). Der **vierte Teil eines Meters** ist $\frac{1}{4}$ m (ein viertel Meter) und für **drei solcher Teile** schreibt man $\frac{3}{4}$ m (drei viertel Meter).

6 Rechne um:

a) $\frac{1}{2}$ m = 50 cm | $\frac{1}{2}$ km = ___ m | $\frac{1}{2}$ dm = ___ cm

$\frac{1}{4}$ m = ___ cm | $\frac{1}{4}$ km = ___ m | $\frac{1}{4}$ cm = ___ mm

$\frac{3}{4}$ m = ___ cm | $\frac{3}{4}$ km = ___ m | $\frac{3}{4}$ m = ___ dm

b) $1\frac{1}{2}$ km = 1 km + $\frac{1}{2}$ km = 1500 m

$2\frac{1}{4}$ km = ___

$3\frac{3}{4}$ km = ___

$1\frac{1}{2}$ m = ___ cm

$2\frac{1}{4}$ m = ___ cm

$3\frac{3}{4}$ m = ___ cm

c) Schreibe als Bruchteil:

25 cm = $\frac{1}{4}$ m | 500 m = ___ km | 5 cm = ___ dm

50 cm = ___ m | 250 m = ___ km | 5 mm = ___ cm

75 cm = ___ m | 750 m = ___ km | 5 dm = ___ m

Keine Probleme mit dem Maßstab!

Dieses Spielzeugauto ist 10fach verkleinert gezeichnet.
Es ist im Maßstab 1:10 abgebildet.

Der Maßstab 1:10 bedeutet:
1 cm in der **Zeichnung** sind 10 cm in der **Wirklichkeit**. In der Wirklichkeit sind die Längen also 10-mal so groß wie in der Abbildung.

1 a) Miss Höhe und Länge des Autos im Bild. Wie lang sind diese Strecken in Wirklichkeit?

b) Ein Lkw ist in der Abbildung 8 cm lang und 4,7 cm hoch. Wie lang sind diese Strecken in Wirklichkeit?

Die Zeichnung zeigt den Grundriss eines Zimmers 100fach verkleinert. Er ist also im Maßstab 1:100 gezeichnet.

Der Maßstab 1:100 bedeutet:
1 cm in der **Zeichnung** sind 100 cm in der **Wirklichkeit**. In der Wirklichkeit sind die Längen also 100-mal so groß wie in der Zeichnung.

2 a) Schau dir Länge und Breite des Zimmers im Grundriss an. Wie lang sind diese Strecken in Wirklichkeit?

b) Wie breit sind die Tür und das Fenster in Wirklichkeit?

c) Von einem anderen Zimmer beträgt die Länge 6 cm und die Breite 5 cm. Wie lang sind die Strecken in Wirklichkeit?

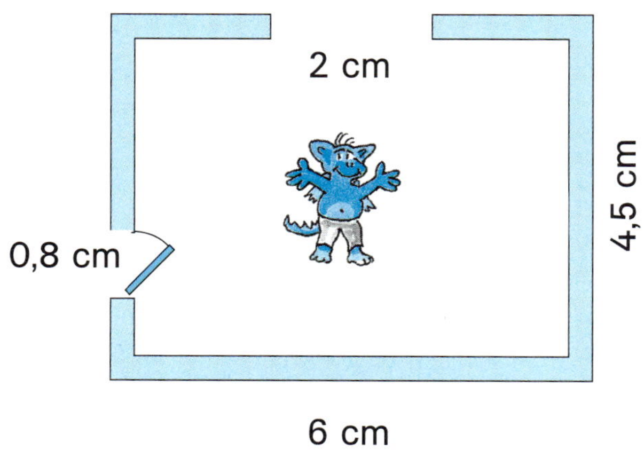

Beim Rechnen mit Maßstäben musst du das Multiplizieren mit und das Dividieren durch 10, 100 und 1000 beherrschen.

45 cm · **100** = 45**00** cm = 45 m
12 m · **1000** = 12**000** m = 12 km

3 a) Rechne ebenso:

81 cm · 100 = ______________ 4 cm · 1000 = ______________
43 m · 1000 = ______________ 19 m · 1000 = ______________
48 cm · 1000 = ______________ 8 mm · 10 = ______________

61 km : **1000** = 61**ØØØ** m : **1ØØØ** = 61 m
25 m : **100** = 25**ØØ** cm : **1ØØ** = 25 cm

b) Rechne:

36 km : 1000 = ______________ 8 km : 100 = ______________
7 km : 100 = ______________ 90 m : 1000 = ______________
41 cm : 10 = ______________ 7 cm : 10 = ______________

Beim Rechnen mit Kommazahlen muss man besonders aufpassen:

3,7 cm · **100** = 37 mm · **100** = 37**00** mm = 370 cm = 3,70 m
0,8 m · **1000** = 80 cm · **1000** = 80**000** cm = 800 m = 0,8 km

Beachte: Überflüssige Nullen lässt man häufig weg!

c) Löse ebenso:

4,9 cm · 100 = ______________
3,6 m · 1000 = ______________
0,7 cm · 100 = ______________
3,2 cm · 10 = ______________

5 m : **10** = 50Ø cm : **1Ø** = **50** cm = 0,5 m
6,5 m : **100** = 650 cm : **100** = 65**ØØ** mm : **1ØØ** = 65 mm = 6,5 cm

Da du hier noch nicht teilen kannst, musst du weiter umwandeln!

3 d) Rechne:

3 m : 10 = ______________________

1,5 km : 1000 = ______________________

3,5 m : 100 = ______________________

0,8 km : 1000 = ______________________

4 Löse diese Aufgaben in deinem Heft.

a)	b)	c)
8 cm · 100 = ______	4 km : 1000 = ______	3,5 cm · 100 = ______
35 m · 1000 = ______	15 m : 100 = ______	0,7 km · 10 = ______
5 cm · 1000 = ______	28 cm : 10 = ______	8,2 m · 100 = ______
12 mm · 10 = ______	70 m : 100 = ______	0,3 m · 1000 = ______

5 Fülle die Tabelle für den Maßstab 1:100 aus:

Länge im Grundriss	4,5 cm	3,8 cm	0,7 cm
Länge in Wirklichkeit	4,5 cm · 100 = 4,50 m		

6 Fülle die Tabelle für den Maßstab 1:10 aus:

Länge in der Abbildung	3,2 cm	12 cm	0,8 cm
Länge in Wirklichkeit	3,2 cm · 10 = 32 cm		

7 Ein Zimmer ist 8 m lang und 5 m breit. Von ihm soll ein Grundriss im Maßstab 1:100 gezeichnet werden. Überlege so: Jede Seite des Zimmers muss auf das 100fache verkleinert werden. Das ergibt die Rechnungen 8 m : 100 und 5 m : 100.

a) Zeichne in dein Heft den Grundriss des Zimmers.

b) Wie lang müsste man die Seiten des Zimmers im Maßstab 1:10 zeichnen? Bedenke, jetzt muss auf das 10fache verkleinert, also durch 10 geteilt werden.

8 Fülle die Tabelle für den Maßstab 1:100 aus:

Länge in Wirklichkeit	12 m	15,5 m	31,2 m
Länge im Grundriss	12 m : 100 = 12 cm		

9 Fülle jetzt die Tabelle für den Maßstab 1:10 aus:

Länge in Wirklichkeit	35 cm	12 cm	9 cm
Länge in der Abbildung	35 cm : 10 = 3,5 cm		

10 Findest du heraus, welche Maßstäbe hier verwendet wurden?

Gehe so vor: Miss die Länge des Bilderrahmens in der Abbildung. Auf das Wievielfache muss man 50 cm verkleinern, um die Länge in der Abbildung zu erhalten?

a) Bilderrahmen

50 cm

Welcher Maßstab wurde also verwendet? Überprüfe ihn, indem du ebenso die Breite des Bilderrahmens untersuchst.

b) Radiergummi

2 cm

6 cm

Welcher Maßstab wurde hier verwendet?

c) Bleistift

20 cm

Gib den Maßstab an.

Nichts ist unmöglich!

1 Multipliziere immer die nebeneinanderstehenden Zahlen.
Rechne so weit wie möglich im Kopf.
Die Ergebniszahlen heißen:
10800, 960000, 2000000.

2	5	10	8
10	50		

3	10	4	5

5	2	3	10

2 Rechne die Aufgaben möglichst im Kopf aus. Verbinde dann die Punkte in der Reihenfolge der Ergebnisse.

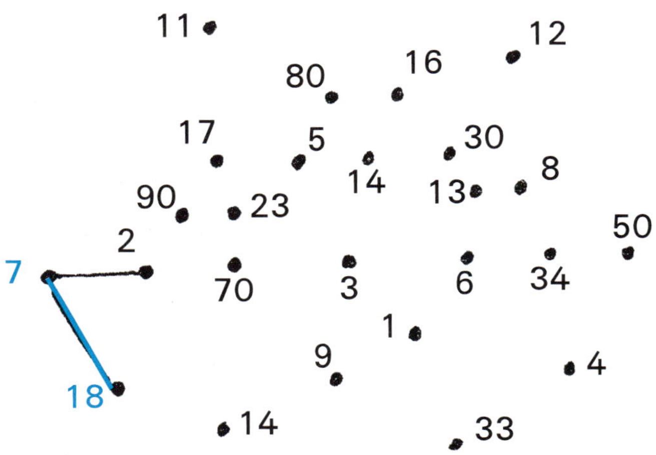

56 : 8 = 7	270 : 3 = ____
162 : 9 = 18	85 : 5 = ____
54 : 6 = ____	30 : 6 = ____
120 : 30 = ____	320 : 4 = ____
250 : 5 = ____	48 : 3 = ____
136 : 4 = ____	126 : 9 = ____
180 : 30 = ____	180 : 6 = ____
24 : 8 = ____	52 : 4 = ____
420 : 6 = ____	72 : 9 = ____
1000 : 500 = ____	102 : 3 = ____

3 Die Lösungszahl besteht aus den Ziffern 1, 3, 6 und 7.

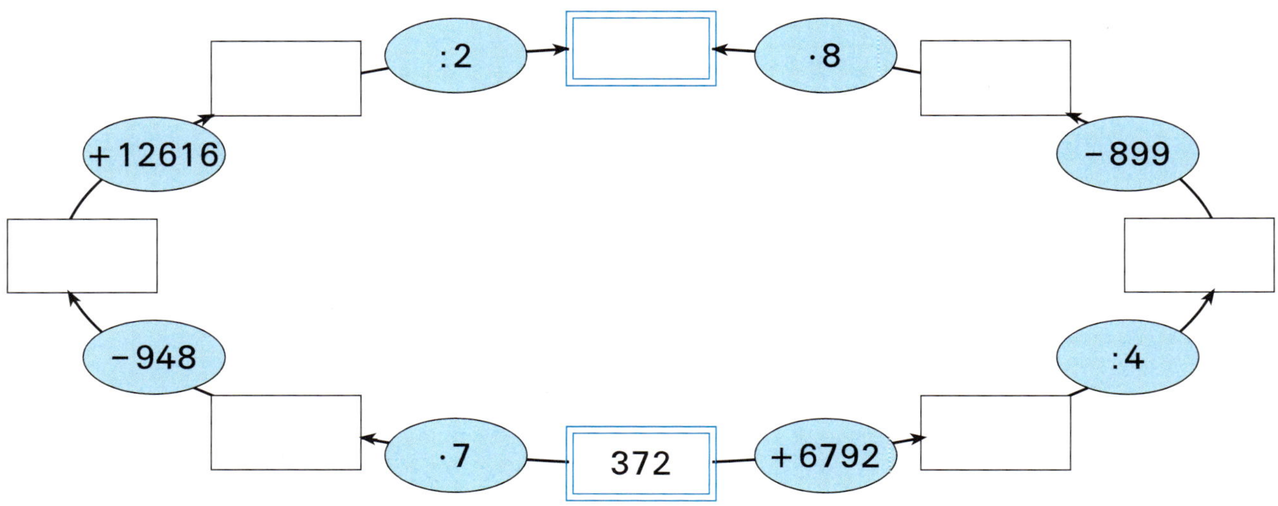

Zusammenfassung

Hier wieder alles Wichtige im Überblick.

Begriffe	Erläuterungen und Beispiele
Längeneinheiten	**1 km = 1000 m** **1 m = 10 dm = 100 cm** **1 dm = 10 cm** **1 cm = 10 mm**
Umrechnen von Längeneinheiten	7 km = 7000 m 9000 m = 9 km 5 m = 500 cm 800 cm = 8 m 3 dm = 30 cm 40 cm = 4 dm 2 cm = 20 mm 70 mm = 7 cm
Kommaschreibweise	

	km	m	
3 km 400 m	3	400	3,400 **km**
400 m		400	0,400 **km**
4 m		4	0,004 **km**

		cm		
	m	**dm**	**cm**	
7 m 25 cm	7	2	5	7,25 **m**
25 cm		2	5	0,25 **m**
5 cm			5	0,05 **m**

Rechnen mit Kommazahlen

Du kannst das Rechnen mit Kommazahlen vermeiden, indem du die Kommazahlen in Längen ohne Komma verwandelst und das Ergebnis wieder als Kommazahl schreibst.

4,375 km : 5

```
4375 m  : 5 = 875 m
40            = 0,875 km
 37
 35
  25
  25
   0
```

Addieren und Subtrahieren von Kommazahlen

Schreibe die Zahlen Komma unter Komma und rechne wie bisher.

17,51 m − 2,48 m

```
  17,51 m
−  2,48 m
  15,03 m
```

Maßstab

Der Maßstab 1 : 10 bedeutet:
1 cm in der **Zeichnung** entsprechen 10 cm in der **Wirklichkeit**. In der Wirklichkeit sind die Strecken also **10-mal so groß** wie in der Abbildung.
6 cm Zeichnung → 6 cm · 10 = 60 cm Wirklichkeit.

1 : 100 bedeutet:
1 cm in der **Zeichnung** entsprechen 100 cm in der **Wirklichkeit**. In der Wirklichkeit sind also die Längen **100-mal so groß** wie in der Abbildung.
5 cm Zeichnung → 5 cm · 100 = 500 cm Wirklichkeit.

Test

Überprüfe dein Wissen durch Rechnen dieser Aufgaben.

1 Verwandle. Notiere hier die Ergebnisse.

a) 4,17 m = ______ cm
0,07 m = ______ cm
5,03 m = ______ cm

b) 4,7 cm = ______ mm
60,3 cm = ______ mm
0,2 cm = ______ mm

c) 48,788 km = ______ m
10,950 km = ______ m
0,083 km = ______ m

2 Schreibe mit Komma:

a) 728 cm = ______ m
16 cm = ______ m
1380 cm = ______ m

b) 47 mm = ______ cm
146 mm = ______ cm
5 mm = ______ cm

c) 2178 m = ______ km
481 m = ______ km
87024 m = ______ km

3 Rechne schriftlich.
Beachte: Du musst manchmal die Längen erst in dieselbe Maßeinheit verwandeln.

a) 3,75 km + 812 m + 20 dm

b) 63,97 m − 23 cm − 527 mm

c) 389,57 km · 8

d) 56,16 m : 6

4 Fülle die Tabellen für den Maßstab 1:100 aus.

a)

Länge in der Abbildung	3,7 cm	10,8 cm	0,4 cm
Länge in Wirklichkeit			

b)

Länge in Wirklichkeit	28 m	12,4 m	8 m
Länge in der Abbildung			

Das Umgehen mit der Uhr beeinflusst auch schon dein Leben. So solltest du pünktlich zum Schulbeginn kommen oder deine Verabredungen einhalten. Es ist also wichtig, mit Zeitspannen und Zeitpunkten umgehen zu können.

Das Umrechnen von Sekunden, Minuten, Stunden will gelernt sein

Zeitspannen werden in Sekunden (s), Minuten (min) und Stunden (h) gemessen.

1 min = 60 s
1 h (Stunde) = 60 min

1 Wandle um:

a)

Minuten	Sekunden
3 min	180 s
5 min	
10 min	
8 min	
12 min	

b)

Minuten	Sekunden
1 min	
$\frac{1}{2}$ min	
$\frac{1}{4}$ min	
$\frac{3}{4}$ min	
$1\frac{1}{2}$ min	

c)

Sekunden	Minuten
240 s	4 min
120 s	
480 s	
600 s	
1200 s	

d) 100 s = 1 min 40 s
150 s = ____________
210 s = ____________
240 s = ____________
250 s = ____________

e) 2 min 10 s = 130 s
3 min 20 s = ____________
5 min 8 s = ____________
4 min 25 s = ____________
6 min 12 s = ____________

2 Führe auch hier Umwandlungen durch:

a)

Stunden	Minuten
4 h	240 min
3 h	
10 h	
8 h	
12 h	

b)

Stunden	Minuten
1 h	60 min
$\frac{1}{2}$ h	
$\frac{1}{4}$ h	
$\frac{3}{4}$ h	
$1\frac{1}{2}$ h	

c)

Minuten	Stunden
180 min	3 h
240 min	
480 min	
600 min	
1200 min	

2 d) 80 min = 1 h 20 min
150 min = ______
200 min = ______
310 min = ______
100 min = ______

e) 2 h 30 min = 150 min
4 h 10 min = ______
1 h 50 min = ______
5 h 5 min = ______
7 h 15 min = ______

Auch mit Zeitspannen kann man rechnen:
45 s + 28 s = **73 s = 1 min 13 s**
1 h 40 min – 55 min = **100 min – 55 min = 45 min**

Löse ebenso in deinem Heft:

3 a) 45 s + 50 s =
56 s + 48 s =
1 min 15 s + 50 s =
2 min 20 s + 40 s =
25 s + 1 min =

b) 55 min + 30 min =
47 min + 23 min =
2 h 32 min + 50 min =
1 h 30 min + 2 h 15 min =
45 min + 1 h 20 min =

c) 1 min 20 s – 35 s =
2 min 10 s – 45 s =
3 min 25 s – 50 s =
3 min 25 s – 1 min 50 s =
4 min 10 s – 2 min 20 s =

d) 2 h 10 min – 50 min =
1 h 25 min – 40 min =
3 h 25 min – 1 h 40 min =
2 h 40 min – 1 h 50 min =
4 h 35 min – 2 h 55 min =

Hier sollst du multiplizieren und dividieren.
1 h 25 min · 3 = **85 min · 3 = 255 min = 4 h 15 min**
2 min 20 s : 4 = **140 s : 4 = 35 s**

4 Rechne mit Zwischenrechnungen im Heft.

a) 2 min 40 s · 3 =
1 min 15 s · 4 =
3 min 15 s · 2 =
1 min 40 s · 5 =
3 min 25 s · 2 =

b) 1 h 45 min · 4 =
2 h 50 min · 5 =
3 h 20 min · 4 =
1 h 25 min · 3 =
4 h 10 min · 2 =

c) 2 min 40 s : 4 =
1 min 10 s : 5 =
2 min 45 s : 3 =
3 min 20 s : 2 =
4 min 10 s : 5 =

d) 1 h 30 min : 5 =
2 h 20 min : 4 =
3 h 40 min : 4 =
4 h 10 min : 2 =
1 h 45 min : 5 =

Halte auseinander: Zeitpunkte – Zeitdauer!

Die erste Uhr zeigt 8 Uhr 30 Minuten. Man schreibt 8.30 Uhr. 8.30 Uhr ist ein Zeitpunkt. Welchen Zeitpunkt kannst du auf der zweiten Uhr ablesen? Welche Zeitdauer (Zeitspanne) ist verstrichen?

8.30 Uhr — 1 h 30 min → 10.00 Uhr

So berechnest du die Zeitdauer: von 12.20 Uhr bis 15.10 Uhr?

also: **2 h 40 min + 10 min = 2 h 50 min**

1 Welche Zeitdauer ergibt sich hier jeweils?

a) 8.45 Uhr — ☐ → 9.00 Uhr
10.10 Uhr — ☐ → 11.45 Uhr
12.05 Uhr — ☐ → 14.10 Uhr

b) 9.00 Uhr — ☐ → 10.10 Uhr
11.45 Uhr — ☐ → 12.05 Uhr
14.10 Uhr — ☐ → 15.15 Uhr

2 Hier ein Ausschnitt aus dem Fernsehprogramm. Gib jeweils an, wie lange die Sendungen dauern.

30 min
____
____
____
____

9.30 Uhr	Wochenvorschau
10.00 Uhr	Weltumsegelung mit Familie
10.45 Uhr	Septimus Siebensohn
11.15 Uhr	Poga 1104
12.00 Uhr	Presseclub

Zeitpunkte berechnest du am besten so

Es ist 8.45 Uhr. Wie spät ist es in 2 h 30 min?

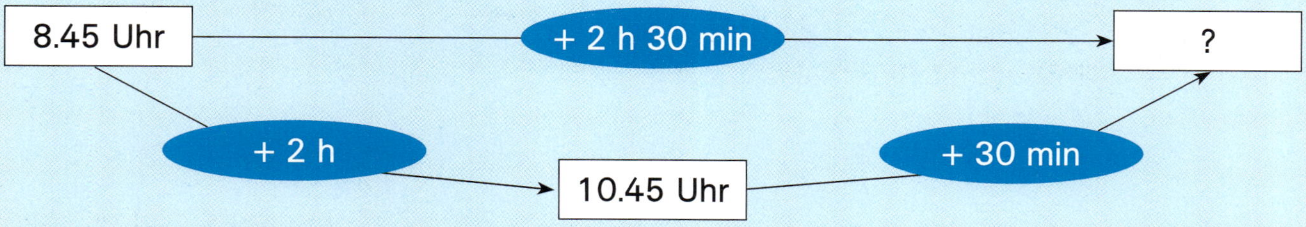

also: **8.45 Uhr + 2 h 30 min** ⟶ **11.15 Uhr**

1 An Karolas Schule beginnt um 7.45 Uhr der Unterricht. Die erste Stunde dauert 45 min. Dann sind 5 min Pause. Die nächste Stunde ist wieder 45 min lang. Jetzt kommt eine große Pause von 20 min. Nach der dritten Stunde endet der Unterricht. Trage hier die Zeitpunkte ein, wann die Stunden und Pausen jeweils zu Ende waren.

7.45 Uhr					

2 Jürgen hat den Sonntagvormittag so verbracht: 8.45 Uhr aufstehen, 20 min waschen, 30 min frühstücken, 1 h spielen, 1 h 10 min fernsehen, 45 min lesen. Dann musste er zum Mittagessen. Notiere hier die Zeitpunkte, wann er mit dem Waschen, Frühstücken usw. fertig war.

8.45 Uhr					

3 Diese fünf Züge verkehren zwischen Stuttgart und Heidelberg. Berechne die Fahrzeiten.

Zugnummern	D 798	D 516	D 714	D 614	D 512
Stuttgart ab	8.07	9.45	9.56	11.01	11.57
Heidelberg an	9.24	11.01	11.08	12.17	13.14
Fahrzeiten					

Tage, Wochen, Monate, Jahre sind die großen Zeiteinheiten

Für größere Zeitspannen verwenden wir als Zeiteinheiten Tage (Tg.), Wochen (Wch.), Monate (Mon.) und Jahre (J.).

1 Tag = 24 Stunden (h)
1 Woche = 7 Tage (Tg.)
1 Jahr = 12 Monate (Mon.)

1 a) Sieh im Kalender nach: Wie viele Tage haben die Monate Januar, Februar, März und April?
Da die einzelnen Monate unterschiedlich lang sind, gibt es keine feste Beziehung zwischen der Anzahl der Tage und einem Monat, die für alle Monate gilt.

b) Für einen Umlauf um die Sonne benötigt die Erde etwas länger als 365 Tage. Dieses „etwas länger" wird alle vier Jahre dadurch ausgeglichen, dass man das Jahr um einen Tag verlängert. Der Februar hat dann nicht 28 sondern 29 Tage. Man spricht von einem Schaltjahr (366 Tage). Welches der Jahre 1998, 1999, 2000, 2004 ist ein Schaltjahr?

c) Fülle diese Tabelle für 2005 aus:

Januar	Februar	März	April	Mai	Juni
31 Tage					

Juli	August	September	Oktober	November	Dezember

2 Wandle um:

a)

Tage	Stunden
3 Tg.	72 h
5 Tg.	
2 Tg.	
7 Tg.	
10 Tg.	

b)

Tage	Stunden
1 Tg.	
$\frac{1}{2}$ Tg.	
$\frac{1}{4}$ Tg.	
$\frac{3}{4}$ Tg.	
$1\frac{1}{2}$ Tg.	

c)

Stunden	Tage
48 h	2 Tg.
240 h	
120 h	
72 h	
144 h	

d) 2 Tg. 5 h = 53 h
10 Tg. 8 h = ______
3 Tg. 10 h = ______
5 Tg. 20 h = ______

e) 38 h = 1 Tg. 14 h
30 h = ______
50 h = ______
80 h = ______

3 Rechne um:

a)

Wochen	Tage
3 Wch.	21 Tg.
7 Wch.	
10 Wch.	
12 Wch.	

b)

Tage	Wochen
49 Tg.	7 Wch.
63 Tg.	
70 Tg.	
140 Tg.	

c) 3 Wch. 5 Tg. = 26 Tg.
7 Wch. 1 Tg. = ______
10 Wch. 4 Tg. = ______
12 Wch. 3 Tg. = ______

d) 19 Tg. = 2 Wch. 5 Tg.
25 Tg. = ______
30 Tg. = ______
62 Tg. = ______

4 Führe auch hier Umwandlungen durch:

a)

Jahre	Monate
5 J.	60 Mon.
10 J.	
3 J.	
$\frac{1}{2}$ J.	
$\frac{1}{4}$ J.	

b)

Monate	Jahre
24 Mon.	2 J.
60 Mon.	
48 Mon.	
36 Mon.	
120 Mon.	

c) 3 J. 8 Mon. = 44 Mon.
5 J. 10 Mon. = ______
1 J. 11 Mon. = ______
4 J. 7 Mon. = ______

d) 45 Mon. = 3 J. 9 Mon.
64 Mon. = ______
70 Mon. = ______
80 Mon. = ______

3 Wch. 5 Tg. + 2 Wch. 4 Tg. = **26 Tg. + 18 Tg. = 44 Tg.** = 6 Wch. 2 Tg.

5 Rechne mit Zwischenrechnungen im Heft.

a) 3 Wch. 2 Tg. + 5 Wch. 5 Tg. =
4 Wch. 3 Tg. + 2 Wch. 6 Tg. =
2 Wch. 5 Tg. + 6 Wch. 3 Tg. =
7 Wch. 5 Tg. + 2 Wch. 4 Tg. =

b) 7 Wch. 2 Tg. – 3 Wch. 5 Tg. =
6 Wch. 3 Tg. – 2 Wch. 4 Tg. =
9 Wch. 1 Tg. – 4 Wch. 3 Tg. =
5 Wch. 3 Tg. – 3 Wch. 4 Tg. =

Rund um den Kalender

1 a) Die Weihnachtsferien dauern 2 Wch. 3 Tg. und die Osterferien 2 Wch. 6 Tg. Wie viel Ferien sind das insgesamt?

b) Von den 6 Wch. 2 Tg. der großen Ferien will Jürgen zu Beginn eine 10-tägige Radtour machen. Mit seinen Eltern fährt er anschließend 2 Wch. 6 Tg. in die Alpen. Wie viele Tage von den Ferien bleiben ihm noch übrig?

c) Herr Müller bekommt im Jahr 6 Wochen Urlaub. Er hat sich die Zeit so eingeteilt: 2 Wch. 1 Tg. nimmt er im Winter, 8 Tg. will er nach Sachsen fahren und 2 Wch. 5 Tg. macht er Sommerurlaub. Behält er noch Urlaub übrig?

Vom **8. April** bis **24. April** sind es **16 Tage.** Man rechnet: **24 – 8 = 16.** Dabei lässt man den ersten Tag der Zeitspanne weg und rechnet den letzten hinzu.

2 Wie viele Tage sind es hier jeweils?

a) 3. Mai bis 21. Mai ____
8. August bis 26. August ____
16. Oktober bis 28. Oktober ____

b) 12. Juni bis 30. Juni ____
9. September bis 16. September ____
14. Dezember bis 31. Dezember ____

Vom **12. April** bis **9. Mai** sind es **27** Tage.
Rechne so: Der Monat April hat 30 Tage.
30 – 12 = 18. Es sind also **18 Tage** im April.
Hinzu kommen **9 Tage** im Mai.
Daher gilt: **18 Tg. + 9 Tg. = 27 Tg.**

3 Berechne ebenso. Benutze einen Kalender:

a) 15. Mai bis 6. Juni ____
19. März bis 12. April ____
4. August bis 20. September ____

b) 4. Januar bis 20. Februar ____
16. Oktober bis 19. November ____
23. November bis 14. Dezember ____

4 Tina ist vom 7. Mai bis 14. Mai im Schullandheim.

a) Wie viele Tage ist sie weg?

b) Eigentlich sollte die Klassenfahrt 10 Tage dauern. Wann wäre Tina dann zurückgekommen?

Zusammenfassung

Alles Wichtige aus dem letzten Kapitel kannst du hier nachschlagen.

Begriffe	Erläuterungen
Zeiteinheiten 	**Stunden (h) – Minuten (min) – Sekunden (s)** **1 h = 60 min** **1 min = 60 s** 4 h = 240 min 360 min = 6 h 3 min = 180 s 420 s = 7 min **Tage (Tg.) – Wochen (Wch.) – Monate (Mon.) – Jahre (J.)** **1 Tag = 24 h** **1 Woche = 7 Tg.** **1 Jahr = 12 Mon.** 4 Tg. → 4 · 24 h = 96 h 48 h → 48 h : 24 h = 2 → 48 h = 2 Tg. 5 Wch. → 5 · 7 Tg. = 35 Tg. 42 Tg. → 42 Tg. : 7 Tg. = 6 → 42 Tg. = 6 Wch. 3 J. → 3 · 12 Mon. = 36 Mon. 24 Mon. → 24 Mon. : 12 Mon. = 2 → 24 Mon. = 2 J.
Zeitpunkt – Zeitdauer	Den **Zeitpunkt** liest du auf der Uhr ab. Die Zeit, die zwischen zwei Zeitpunkten liegt, heißt **Zeitdauer** oder **Zeitspanne**. **Zeitpunkte** 8.00 Uhr — 1 h 45 min → 9.45 Uhr **Zeitdauer**

Rechnen mit Zeitpunkten und Zeitdauer

So berechnest du die Zeitdauer:

von 12.20 Uhr bis 15.10 Uhr

12.20 Uhr → ? → 15.10 Uhr

12.20 Uhr → + 2 h 40 min → 15.00 Uhr → + 10 min → 15.10 Uhr

also: 2 h 40 min + 10 min = 2 h 50 min

So ermittelst du den Zeitpunkt:

Es ist 8.45 Uhr. Wie spät ist es in 2 h 30 min?

8.45 Uhr → + 2 h 30 min → ?

8.45 Uhr → + 2 h → 10.45 Uhr → + 30 min → ?

also: 8.45 Uhr + 2 h 30 min → 11.15 Uhr

Test

Hier findest du wieder die Grundaufgaben des letzten Kapitels. Überprüfe dein Wissen.

1
a) 1 min 40 s = ___ s
2 min 5 s = ___ s

b) 3 h 10 min = ___ min
5 h 12 min = ___ min

c) 200 s = ___ min ___ s
450 s = ___ min ___ s

d) 250 min = ___ h ___ min
370 min = ___ h ___ min

e) 3 Tg. = ___ h
5 Tg. = ___ h

f) 48 h = ___ Tg.
12 h = ___ Tg.

2 Rechne um:

a) 8 Wch. 5 Tg. = ___ Tg.
12 Wch. 6 Tg. = ___ Tg.
48 Tg. = ___ Wch. ___ Tg.
100 Tg. = ___ Wch. ___ Tg.

b) 3 J. = ___ Mon.
2 J. 10 Mon. = ___ Mon.
13 Mon. = ___ J. ___ Mon.
30 Mon. = ___ J. ___ Mon.

3 Löse die Aufgaben. Beachte, dass du erst in dieselbe Einheit umwandeln musst.

a) 3 min + 300 s
3 Wch. 2 Tg. + 4 Wch. 3 Tg.
1 min 20 s + 123 s
$1\frac{1}{2}$ J. + 7 Mon.

b) 3 min 12 s − 48 s
1 J. 3 Mon. − 9 Mon.
2 h 30 min − 60 min
9 Wch. 3 Tg. − 2 Wch. 5 Tg.

4 Ein Zug fährt um 16.22 Uhr in Hannover ab und erreicht nach 2 Stunden 51 Minuten Düsseldorf. Wie spät ist es dann?

5 Wie viele Tage sind es jeweils?

a) 3. April bis 29. April
19. September bis 4. November

b) 5. Mai bis 6. Juli
20. Oktober bis 10. Dezember

Die Beschäftigung mit Gewichten und Rauminhalten schließt die Wiederholung der Größen ab.
Auch hier geht es wieder um Umrechnungen und Kommaschreibweisen.

Die Kommaschreibweise bei Gewichten

Beim Einkaufen werden die Gewichte in kg und g angegeben.

1 kg = 1000 g

1 Die Mutter kauft einen Schinken, der 5 kg 450 g wiegt. Fülle die Tabelle aus.

a)

	kg	g	**Kommaschreibweise**
5 kg 450 g	5	450	5,450 kg
8 kg 165 g	8	165	8,165 Kg ✓
12 kg 50 g	12	50	12,050 Kg ✓
2 kg 5 g	2	5	2,005 Kg ✓

2 Wandle um:

a) 2500 g = 2 kg 500 g = 2,500 kg
3700 g = 3Kg 700g = 3,700 Kg
6505 g = 6Kg 505g = 6,505 Kg
12050 g = 12Kg 50g = 12,050 Kg

b) 6,750 kg = 6 kg 750 g = 6750 g
0,750 kg = 0Kg 750g = 750Kg
2,080 kg = 2Kg 80g = 2080g
0,090 kg = 0Kg 90g = 90g

3 Schreibe als Kommazahl:

a) 800 g = 0,800 kg
1200 g = 1,200 Kg
50 g = 0,050 Kg
4500 g = 4,500 Kg

b) 4005 g = 4,005 Kg
15040 g = 15,040 Kg
9000 g = 9,000 Kg
700 g = 0,700 Kg

c) 15000 g = 15,000 Kg
1500 g = 1,500 Kg
150 g = 0,150 Kg
15 g = 0,015 Kg

4 Rechne um:

a) $\frac{1}{2}$ kg = 500 g
$\frac{1}{4}$ kg = ______
$\frac{3}{4}$ kg = ______
$1\frac{1}{2}$ kg = ______

b) $2\frac{1}{2}$ kg = ______
$1\frac{1}{4}$ kg = ______
$2\frac{3}{4}$ kg = ______
$3\frac{1}{2}$ kg = ______

c) 250 g = $\frac{1}{4}$ kg
500 g = ______
750 g = ______
1250 g = ______

Große Gewichte werden in t (Tonnen) und kg angegeben.

1 t = 1000 kg

5 Ein Lastwagen hat 12 t 500 kg Sand geladen. Fülle die Tabelle aus.

	t	kg	**Kommaschreibweise**
12 t 500 kg	12	500	12,500 t
8 t 650 kg			
950 kg			
7 t 80 kg			
3 t 5 kg			

6 Wandle um:

a) 3750 kg = 3 t 750 kg = 3,750 t

9250 kg = 9t 250 Kg = 9,250 t

580 kg = 0t 580 Kg = 0,580 t

12350 kg = 12t 350 Kg = 12,350 t

b) 1,080 t = 1 t 80 kg = 1080 kg

7,235 t = 7t 235 Kg = 7235 Kg

0,580 t = 0t 580 Kg = 580 Kg

0,058 t = 0t 58 Kg = 58 Kg

7 Schreibe als Kommazahl:

a) 700 kg = 0,700 t

2500 kg = ______

25600 kg = ______

8000 kg = ______

b) 5080 kg = ______

12000 kg = ______

900 kg = ______

80 kg = ______

c) 42000 kg = ______

5600 kg = ______

70 kg = ______

5 kg = ______

Bei Kommazahlen werden oft **überflüssige Nullen** weggelassen.

0,7**00** t = 0,7 t
1,5**00** t = 1,5 t

0,8**00** kg = 0,8 kg
2,1**00** kg = 2,1 kg

8 Schreibe diese Gewichtsangaben wieder als ausführliche Kommazahlen:

a) 0,3 t = 0,300 t

2,7 t = ______

81,5 t = ______

b) 0,1 t = ______

3,5 t = ______

12,3 t = ______

c) 0,6 kg = ______

7,2 kg = ______

1,8 kg = ______

So rechnest du mit Gewichten

1 Auf einem Lieferwagen liegen 5 schwere Kisten. Sie wiegen 5400 g; 54 kg; 0,540 t; 0,540 kg und 5,400 t. Vergleiche ihre Gewichte und ordne sie so an:

5,400 t > ~~5400 g~~ > ~~0,540 t~~ > ~~0,540 kg~~ > ~~54 kg~~

0,540 t   54 kg   5400 g   0,540 kg

2 Vergleiche und setze jeweils die Zeichen <, =, >:

a) 32 kg	☐	32000 g	b) 1,250 t	☐	125 kg	c) 250 kg	☐	$\frac{1}{4}$ t
1,8 kg	☐	18000 g	0,540 t	☐	54 kg	3500 kg	☐	3,5 t
0,350 kg	☐	3500 g	4,125 t	☐	4125 kg	17000 kg	☐	1,7 t

Rechne schriftlich. Führe die Zwischenrechnungen ohne Kommazahlen durch.

1,735 t + 851 kg + 4,250 t = ?

1735 kg + 851 kg + 4250 kg

```
   1735 kg
+   851 kg
+  4250 kg
----------
   6836 kg = 6,836 t
```

3 Rechne ebenso:

a) 0,085 t + 3,712 t + 654 kg   3,875 kg + 0,560 kg + 125 g

b) 9,651 t – 873 kg   26,080 kg – 19,503 kg

Führe auch hier die Zwischenrechnungen ohne Kommazahlen durch.

4,250 kg · 12

```
4250 g · 12
   4250
    8500
-----------
  51000 g = 51,000 kg = 51 kg
```

4 a) 12,500 t · 18   b) 8,720 kg · 15   c) 0,871 kg · 21

d) 30,375 kg : 15   e) 3,455 kg : 5   f) 7,440 t : 6

Und wieder geht es um Gewichte

1 a) Mutter packt ein Geschenkpäckchen. Es enthält 250 g Kaffee, eine Pralinenpackung zu 125 g und ein Buch (Gewicht: $\frac{1}{2}$ kg). Die Verpackung wiegt 135 g. Wie schwer wird das Päckchen?

b) Das Höchstgewicht für Päckchen beträgt 2 kg. Wie viel könnte noch hinein?

2 a) Martin packt für eine Wanderung seinen Rucksack. Er nimmt 375 g belegte Brote mit. 1,280 kg wiegt die Flasche Limonade, 425 g das Regenzeug und 0,820 kg der leere Rucksack. Welches Gewicht muss er tragen?

b) Unterwegs verzehrt er seine Brote und trinkt die Limonade. Die leere Flasche bringt er wieder mit zurück. Sie wiegt 0,280 kg. Wie schwer ist jetzt sein Rucksack?

3 a) Mit einem Lastenaufzug sollen Kisten befördert werden. Sie wiegen 81,750 kg, 65,800 kg, 925 kg und 77 kg. Wie schwer sind sie insgesamt?

b) Der Aufzug darf nur 1,500 t transportieren. Wie viel könnte noch zugeladen werden?

4 a) Ein Päckchen wiegt 180 g. 12 davon sollen in eine Kiste gepackt werden. Wie viel wiegen die Päckchen insgesamt?

b) 15 Päckchen einer anderen Sorte wiegen 7,350 kg. Wie schwer ist jedes Päckchen?

c) Wie viel wiegen 12 Päckchen von dieser Sorte?

5 Ein großes Päckchen wiegt 1,280 kg, ein kleines 850 g.

a) Wie viel wiegen jeweils 8 große, 8 kleine, 15 große, 15 kleine Päckchen?

b) Es sollen in eine Kiste 7 große und 17 kleine Päckchen verpackt werden. Berechne das Gesamtgewicht.

c) In eine andere Kiste passen 6 große und 11 kleine Päckchen.

Hier geht es um Rauminhalte

Rauminhalte kann man in Liter (l) und Milliliter (ml) messen. In einem Kanister sind 5 l Benzin.
Eine Konservendose hat 450 ml Inhalt.

1 l = 1000 ml

1 Wandle um:

a) 5 l = 5000 ml
12 l = ____________
20 l = ____________
3 l = ____________

b) 7000 ml = 7 l
10000 ml = ____________
2000 ml = ____________
25000 ml = ____________

c) $\frac{1}{2}$ l = 500 ml
$\frac{1}{4}$ l = ____________
$\frac{3}{4}$ l = ____________
$1\frac{1}{2}$ l = ____________

d) l und ml lassen sich auch als Kommazahlen schreiben:
Fülle die Tabelle aus.

	l	ml	**Kommaschreibweise**
5 l 300 ml	5	300	5,300 l
8 l 250 ml			
250 ml			
1 l 500 ml			
800 ml			

2 Schreibe als Kommazahl:

a) 500 ml = 0,500 l
100 ml = ____________
6200 ml = ____________
3500 ml = ____________

b) $\frac{1}{2}$ l = 500 ml = 0,500 l
$\frac{1}{4}$ l = ____________
$\frac{3}{4}$ l = ____________
$1\frac{1}{4}$ l = ____________

3 Aus einem 5-l-Kanister werden nacheinander 1,250 l, $1\frac{1}{2}$ l und 0,700 l ausgegossen.

a) Wie viel l sind das?

b) Wie viel l bleiben im Kanister?

Auf manchen Dosen, Flaschen, Tuben findest du Angaben wie 0,5 l, 1,2 l usw. Dies sind verkürzte Schreibweisen für 0,500 l, 1,200 l usw., bei denen die überflüssigen Nullen weggelassen wurden.

Zusammenfassung

Hier kannst du nachschlagen, falls du Probleme mit den Aufgaben dieses Kapitels hast.

Begriffe	Erläuterungen
Gewichtseinheiten	**1 t = 1000 kg** **1 kg = 1000 g** **1 g = 1000 mg** mg ist die Abkürzung für Milligramm
Umrechnen von Einheiten	7 t = 7000 kg 6000 kg = 6 t 2 kg = 2000 g 8000 g = 8 kg 5 g = 5000 mg 3000 mg = 3 g
Rauminhaltseinheiten	**1 l = 1000 ml** ml ist die Abkürzung von Milliliter 7 l = 7000 ml 8000 ml = 8 l
Kommaschreibweise	

	t	kg	
5 t 800 kg	5	800	5,800 t
800 kg		800	0,800 t
8 kg		8	0,008 t

	kg	g	
12 kg 500 g	12	500	12,500 kg
500 g		500	0,500 kg
5 g		5	0,005 kg

	g	mg	
4 g 350 mg	4	350	4,350 g
350 mg		350	0,350 g
35 mg		35	0,035 g

	l	ml	
7 l 400 ml	7	400	7,400 l
400 ml		400	0,400 l
4 ml		4	0,004 l

Rechnen mit Kommazahlen

Du kannst das Rechnen mit Kommazahlen vermeiden, indem du die Kommazahlen in Größen ohne Komma umwandelst und das Ergebnis wieder als Kommazahl schreibst.

0,875 t · 5

875 kg · 5

4375 kg = 4,375 t

Addieren und Subtrahieren von Kommazahlen

Schreibe die Größen Komma unter Komma und rechne wie bisher.

Test

Hier wieder die Grundaufgaben des letzten Kapitels zum Überprüfen deines Lernerfolgs.

1 Verwandle:

a) 3400 g = ______ kg	b) 4670 kg = ______ t	
200 g = ______ kg	381 kg = ______ t	
50080 g = ______ kg	87 kg = ______ t	
c) $\frac{1}{2}$ kg = ______ g	d) 0,780 kg = ______ g	e) 3,980 t = ______ kg
250 g = ______ kg	7,150 kg = ______ g	0,041 t = ______ kg
$\frac{3}{4}$ t = ______ kg	23,004 kg = ______ g	32,130 t = ______ kg

2 Rechne um:

a) 3 l = ______ ml	b) 4000 ml = ______ l	c) 8,250 l = ______ ml
12 l = ______ ml	15000 ml = ______ l	0,250 l = ______ ml
$\frac{1}{2}$ l = ______ ml	2000 ml = ______ l	3,500 l = ______ ml

3 Rechne schriftlich:

a) 3,421 t + 748 kg + 0,3 t

b) 6,791 t – 364 kg

c) 3,785 t · 6

d) 1,767 kg : 3

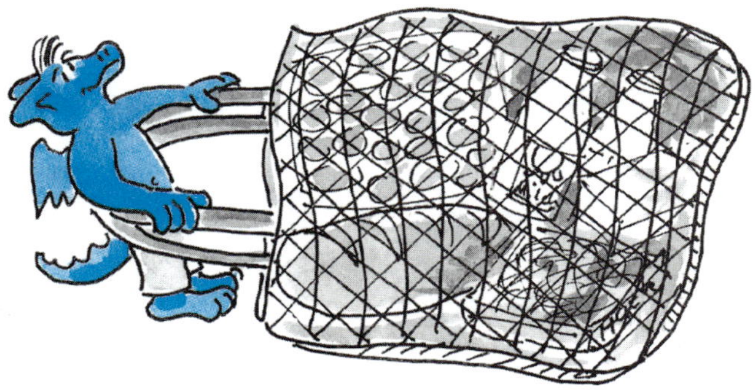

4 Henning geht einkaufen. Er soll 3,5 kg Kartoffeln, 250 g Butter, $\frac{1}{2}$ kg Hackfleisch, 2 l Milch (1 l wiegt 1000 g) und ein Brot zu 750 g mitbringen. Seine Einkaufstasche wiegt 0,5 kg. Welches Gewicht muss er tragen?

Du sollst hier die Beziehungen Teiler von bzw. Vielfaches von einer Zahl wiederholen. Dabei spielen auch die Pfeilbilder eine Rolle, weil man mit ihrer Hilfe solche Beziehungen anschaulich erfassen kann.

Was sind Teiler und Vielfache?

21 : 3 = 7
Weil 21 durch 3 ohne Rest teilbar ist, ist 3 ein Teiler von 21.
21 : 4 = 5 R 1
4 ist ist dagegen kein Teiler von 21.

1 Welche Zahlen sind hier jeweils Teiler? Beantworte die Fragen mit ja oder nein. Ist

a) 2 Teiler von 21? f
7 Teiler von 21? ✓
21 Teiler von 21? ✓
1 Teiler von 21? ✓

b) 4 Teiler von 20? ✓
5 Teiler von 20? ✓
3 Teiler von 20? f
8 Teiler von 20? f

21 ist ein **Vielfaches** von 3, weil 21 = 7 · 3,
21 ist dagegen **kein Vielfaches** von 4, weil 21 = 5 · 4 + 1.

2 Beantworte auch hier die Fragen mit ja oder nein. Ist

a) 21 Vielfaches von 7? ✓
21 Vielfaches von 2? f
21 Vielfaches von 21? ✓
Bedenke: 21 = 21 · 1
21 Vielfaches von 10? f

b) 20 Vielfaches von 4? ✓
20 Vielfaches von 10? ✓
20 Vielfaches von 1? ✓
Bedenke: 20 = 1 · 20
20 Vielfaches von 3? f

Bestimmen der Teiler bzw. Vielfachen einer Zahl

1 Schreibe hier alle Teiler von 12 auf:

1,2,3,4,6,12

Suche auch alle Teiler von

15: ______

18: ______

20: ______

21: ______

25: ______

30: ______

Suchst du alle Teile einer Zahl, musst du systematisch vorgehen.

Beispiel: alle Teiler von 12

1 ist Teiler von 12 (denn 12 **:** **1** = 12, es bleibt also **kein Rest**).
2 ist Teiler von 12.
3 ist Teiler von 12.
4 ist Teiler von 12.
5 ist **kein** Teiler von 12.
6 ist Teiler von 12.
7, 8, 9, 10, 11 sind **keine** Teiler von 12.
12 ist Teiler von 12.

Hat eine Zahl nur 2 Teiler, so ist es eine **Primzahl**.

2 Bestimme von diesen Zahlen alle Teiler:

16: ______

17: ______

18: ______

19: ______

20: ______

21: ______

Welche Zahlen sind also Primzahlen?

______

______

13 hat nur die Teiler **1, 13.**
13 ist daher eine **Primzahl.**

14 hat die Teiler **1, 2, 7, 14.**
14 ist **keine Primzahl.**

Das Bestimmen der Vielfachen einer Zahl ist wesentlich einfacher als das Ermitteln ihrer Teiler. Während aber eine Zahl nur eine bestimmte Anzahl von Teilern besitzt, hat sie dagegen unbegrenzt viele Vielfache.

Beispiel: Vielfache von 12
$1 \cdot 12 = \mathbf{12}$
$2 \cdot 12 = \mathbf{24}$
$3 \cdot 12 = \mathbf{36}$
$4 \cdot 12 = \mathbf{...}$

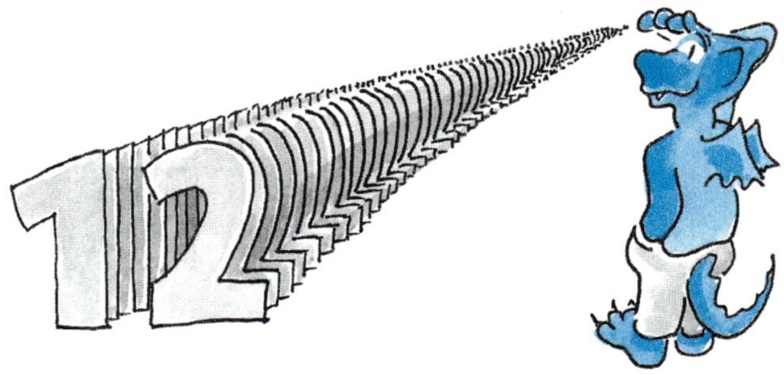

3 Bestimme fünf weitere Vielfache von 12. 12 besitzt also die Vielfachen:

12, 24, ______________________

Ermittle ebenso jeweils ~~neun~~ 5 Vielfache von

7: ______________________ 11: ______________________

13: ______________________ 17: ______________________

20: ______________________ 25: ______________________

4 Male alle Felder aus, in denen Zahlen stehen, die als Teiler 4 oder 7 besitzen. Du erhältst dann ein Lösungswort.

36	63	128	219	56	100	252	207	144	57	71	212	78	94
3	96	13	41	427	113	77	114	126	39	111	154	121	62
25	48	122	75	105	42	180	83	245	91	19	52	84	54

So musst du Pfeilbilder lesen und zeichnen

1 Entnimm dem Pfeilbild alle Zahlbeziehungen.

8 ist größer als 5   8 > 5

8 ____________   8 ______

____

____

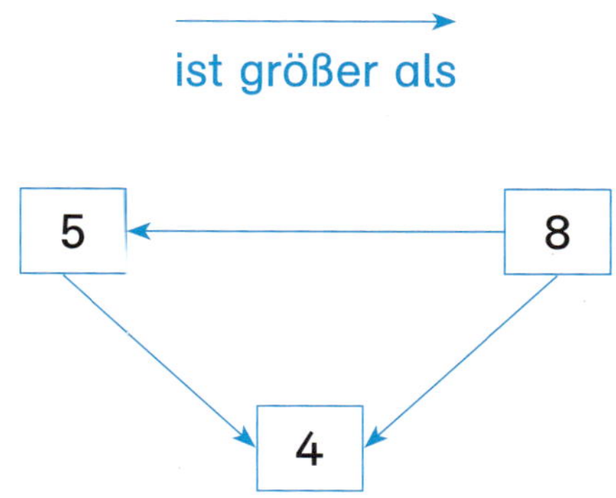

2 Entnimm diesem Pfeilbild alle Zahlbeziehungen.

2 ist kleiner als 3   2 < 3

____

____

____

____

____

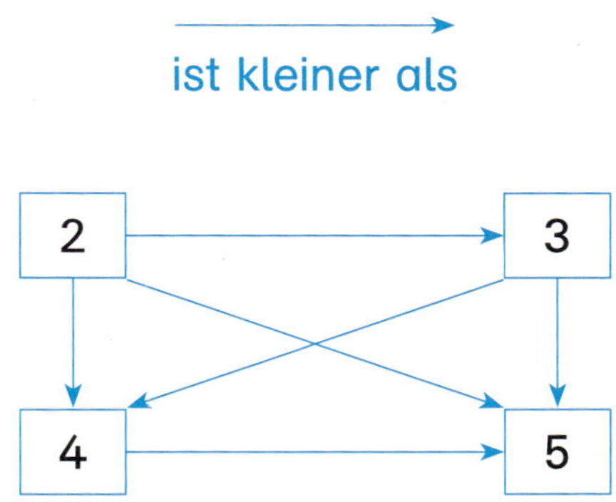

3 Zeichne hier alle Pfeile ein.

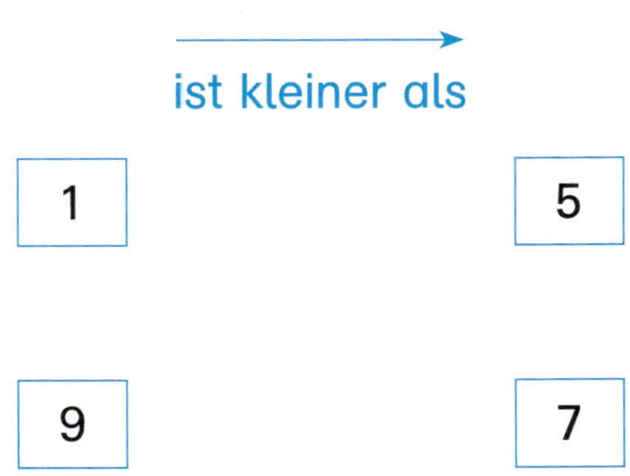

So kennzeichnest du Teiler und Vielfache im Pfeilbild

1 Der Pfeil soll jetzt bedeuten:

→ ist Teiler von

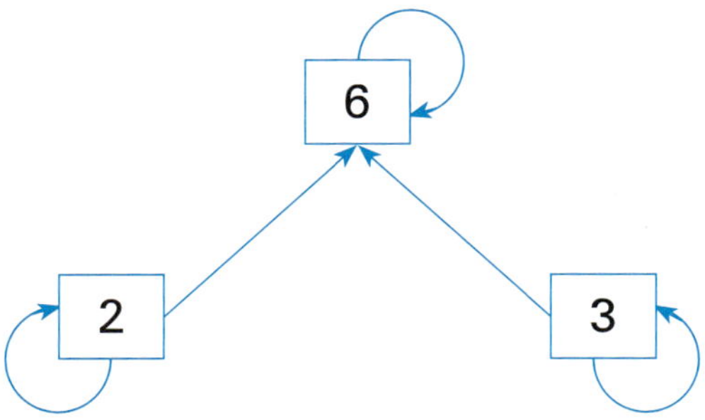

Der Pfeil, der die Beziehung „2 ist Teiler von 2“ kennzeichnet, heißt *Ringpfeil.*

Entnimm dem Pfeilbild alle Zahlbeziehungen:

2 ist Teiler von 2

2 ist Teiler von ______

______

______

______

2 Entnimm diesem Pfeilbild alle Zahlbeziehungen:

→ ist Teiler von

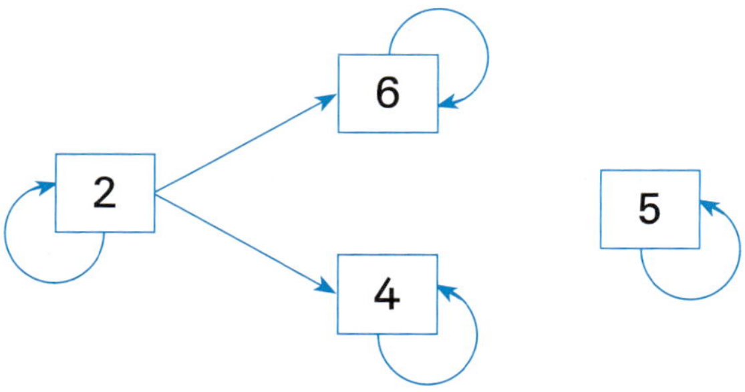

______

______

______

______

______

______

3 Zeichne alle Pfeile ein. Vergiss die Ringpfeile nicht.

→ ist Teiler von

a)

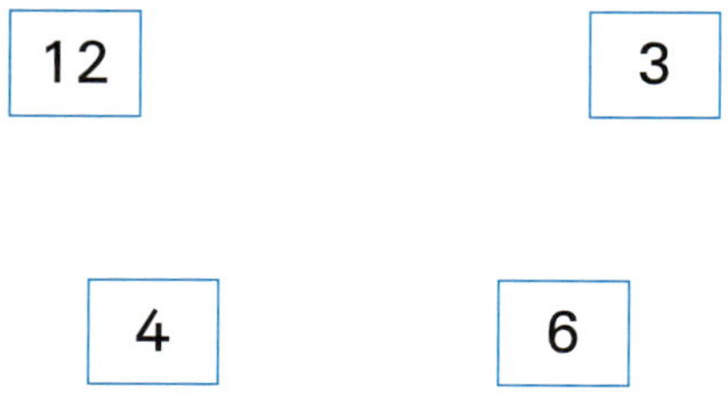

b)

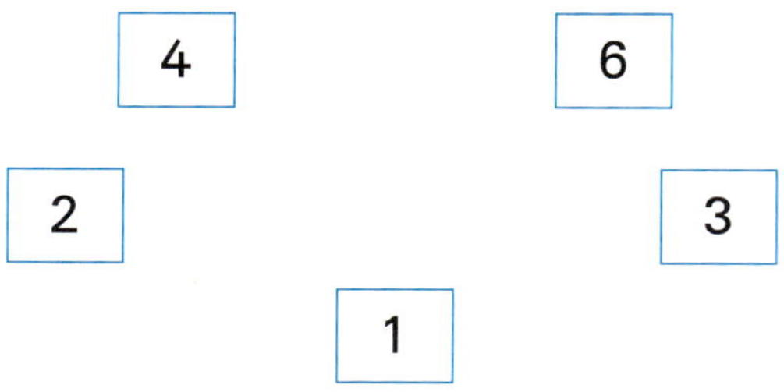

6 ist ein Vielfaches von 2, weil $3 \cdot 2 = 6$.
Auch 2 ist ein Vielfaches von 2, denn es gilt $1 \cdot 2 = 2$.
2 ist dagegen kein Vielfaches von 6.

4 Der Pfeil bedeutet hier:

→ ist Vielfaches von

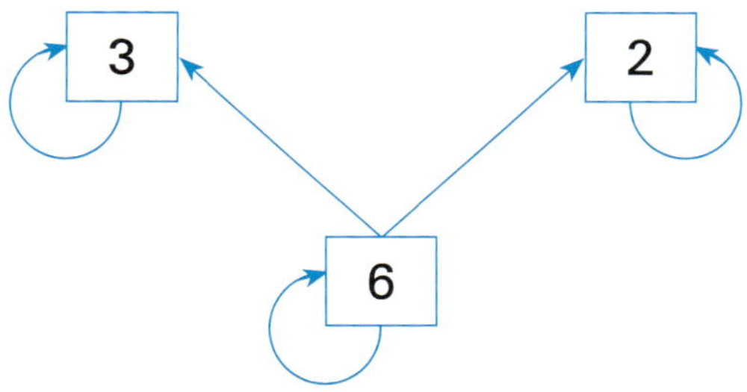

Entnimm dem Pfeilbild alle Zahlbeziehungen:

6 ist Vielfaches von 3

____

____

____

____

____

5 Entnimm dem Pfeilbild alle Zahlbeziehungen:

→ ist Vielfaches von

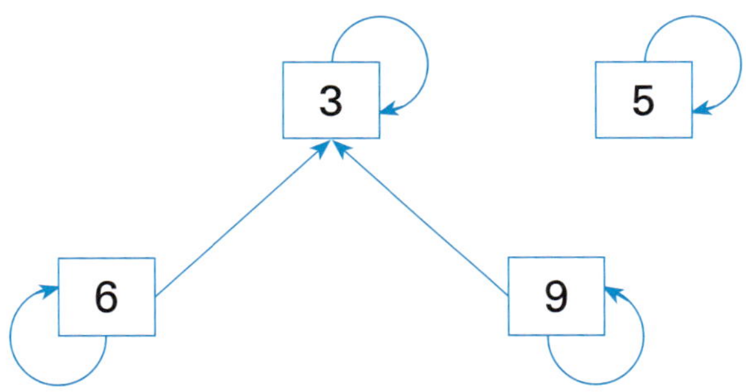

____

____

____

____

____

____

6 Zeichne alle Pfeile ein. Vergiss die Ringpfeile nicht.

→ ist Vielfaches von

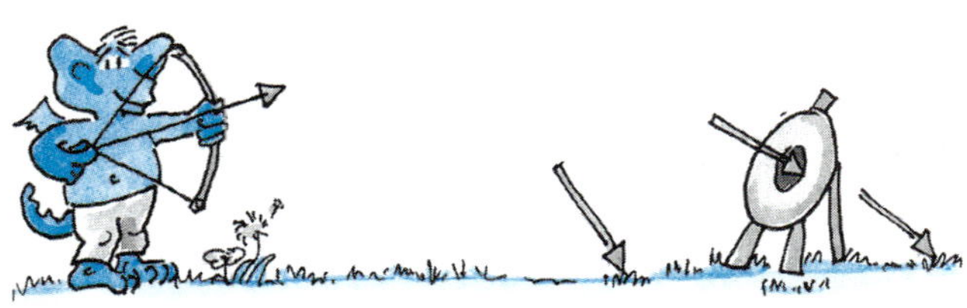

a)

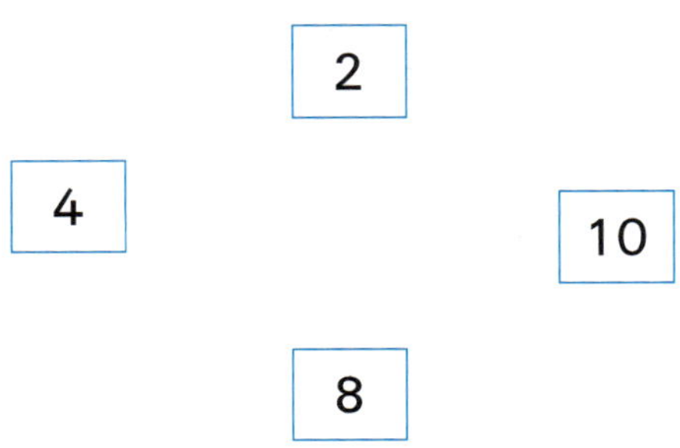

b)

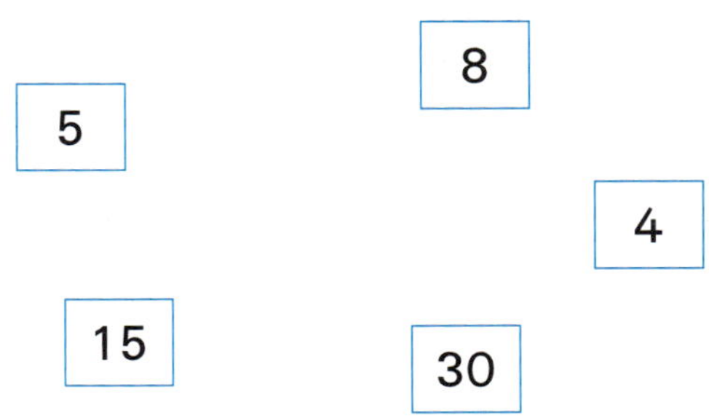

Zusammenfassung

Hier findest du wieder alles Wichtige des letzten Kapitels im Überblick.

Begriffe	Erläuterungen und Beispiele
Teiler einer Zahl 	18 : **6** = 3 **6 ist Teiler von 18**, weil sich 18 ohne Rest durch 6 teilen lässt. 18 : **7** = 2 **Rest 4** **7** ist kein Teiler von 18, weil 18 : 7 einen Rest ergibt.
Vielfaches einer Zahl	28 = 4 · **7** **28 ist ein Vielfaches von 7**, weil 28 = 4 · 7 ist. 28 = 3 · **9 + 1** **28** ist dagegen **kein** Vielfaches von **9**.
Primzahlen 	**Primzahlen** sind Zahlen, die **nur** zwei Teiler besitzen. **17** hat **nur** die Teiler 1 und 17, ist also eine **Primzahl.** 15 besitzt dagegen die Teiler 1, 3, 5 und 15. 15 ist deshalb **keine Primzahl**.
Pfeilbild 	Beziehungen zwischen Zahlen wie „ist Teiler von" oder „ist Vielfaches von" lassen sich im Pfeilbild verdeutlichen: 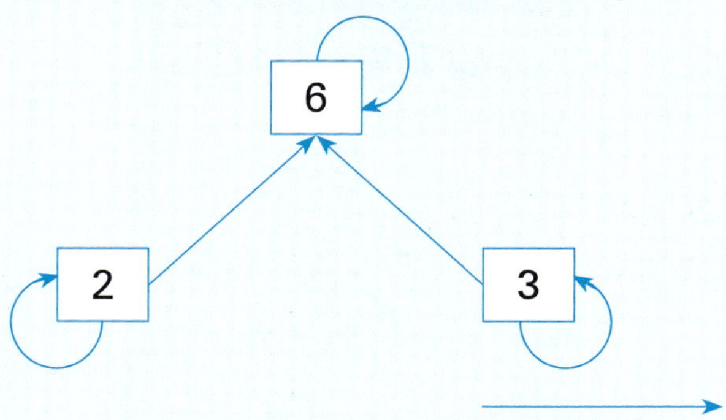 Die Pfeile bedeuten hier: ist Teiler von

Test

Überprüfe dein Wissen, indem du diese Grundaufgaben löst.

1 Notiere mit ja oder nein, ob diese Zahlen jeweils Teiler sind. Ist

5 Teiler von 30? ____________

4 Teiler von 24? ____________

8 Teiler von 20? ____________

9 Teiler von 45? ____________

2 Welche Zahl ist hier Vielfaches? Kennzeichne es mit ja oder nein.

56 Vielfaches von 8? ____________

49 Vielfaches von 7? ____________

32 Vielfaches von 12? ____________

55 Vielfaches von 11? ____________

3 Bestimme alle Teiler von

21: ____________

36: ____________

4 Ermittle die ersten 6 Vielfachen von

14: ____________

60: ____________

5 Welche dieser Zahlen ist eine Primzahl? 37 oder 35?

6 Zeichne alle Pfeile ein:

⟶ ist Vielfaches von

a) 4, 12, 20, 16

⟶ ist Teiler von

b) 4, 12, 20, 16

In diesem Kapitel findest du Anwendungsaufgaben für das, was du gelernt hast. Dazu gehören vor allem das Lösen von Sachaufgaben, aber auch das Umgehen mit Zahlenfolgen oder das Arbeiten mit einfachen Gleichungen und Ungleichungen.

Sachaufgaben

Bei den Aufgaben in diesem Kapitel solltest du so vorgehen:

1. Lies die Aufgaben langsam und sorgfältig durch. Frage dich: Habe ich die Aufgabenstellung verstanden? Weiß ich, was ich rechnen soll?
2. Überlege dir, wie du vorgehen willst. Entwirf einen Lösungsplan.
3. Führe deinen Plan aus. Achte dabei auf sauberes, übersichtliches Anordnen der Einzelrechnungen. Kennzeichne die Zwischenergebnisse und überprüfe durch Überschlag, ob dein Ergebnis stimmen kann.

Verwende Rechenpläne als Lösungshilfe!

Für ein Büro werden gekauft:
8 Bleistifte zu je 35 Cent
5 Radiergummis zu je 65 Cent
6 Kugelschreiber zu je 2,45 Euro

Wie viel kosten
a) alle Bleistifte?
b) alle Radiergummis?
c) alle Kugelschreiber?
d) Wie teuer ist alles zusammen?

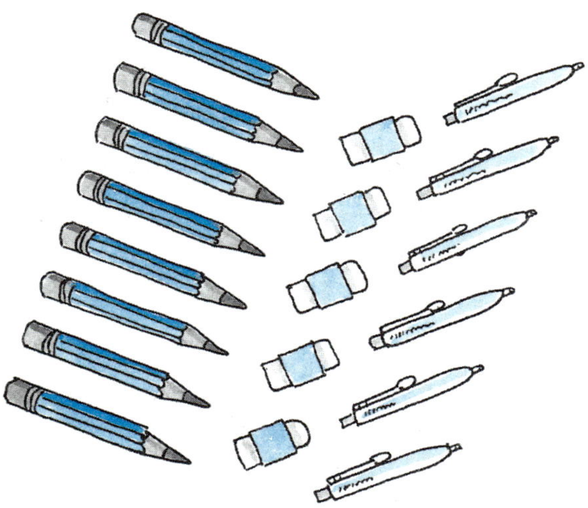

Du kannst dir die Lösung durch einen Rechenplan verdeutlichen:

Preis für Bleistifte		**Preis für Radiergummis**		**Preis für Kugelschreiber**	
8	35 ct	5	65 ct	6	2,45 €
280 ct		325 ct		14,70 €	
	20,75 €				

Gesamtpreis

1 Im Kinderzirkus kostet der erste Platz 5,50 €, der zweite Platz 4,50 € und der dritte Platz 3,25 €.
Folgende Karten werden verkauft:
15 vom ersten, 21 vom zweiten und 30 vom dritten Platz.

a) Berechne die Einnahmen für jeden Platz.

b) Berechne die Gesamteinnahme. Fülle dazu den Rechenplan aus.

2 Ein Wagen transportiert 4 Sorten von Kisten. Von der ersten Sorte wiegt jede Kiste 5 kg, von der zweiten jede 3,500 kg, von der dritten jede 1,750 kg und von der vierten jede 1,250 kg. Von der ersten Sorte hat der Wagen 25, von der zweiten Sorte 12, von der dritten Sorte 9 und von der vierten Sorte 15 Kisten geladen. Berechne das Gesamtgewicht. Zeichne einen Rechenplan in dein Heft.

3 Vater hat für einen Weinkauf 59,20 € bezahlt. Er kaufte 5 Flaschen für je 5,50 €, 6 Flaschen für je 3,75 € und 4 Flaschen einer dritten Sorte. Wie teuer war die 3. Sorte?

Rechne so:

a) Wie groß ist der Gesamtpreis für die ersten beiden Weinsorten?

b) Wie viel € hat der Vater von den 59,20 € für die 4 Flaschen der 3. Sorte insgesamt ausgegeben?

c) Was kostet eine Flasche der 3. Sorte?

Bei dieser Aufgabe musst du genau überlegen, welche Angaben der Text enthält und wo sie im Rechenplan einzutragen sind.

1. Sorte		**2. Sorte**		**3. Sorte**	
5	5,50 €	6	3,75 €	4	
59,20 €					

4 Vervollständige diese Rechenpläne:

a)

3			2,60 €	4	
7,80 €		5,20 €		12,80 €	

b)

2			1,30 €	5	
11,80 €		3,90 €			
29,20 €					

Streifen und Strecken kannst du als Lösungshilfe verwenden

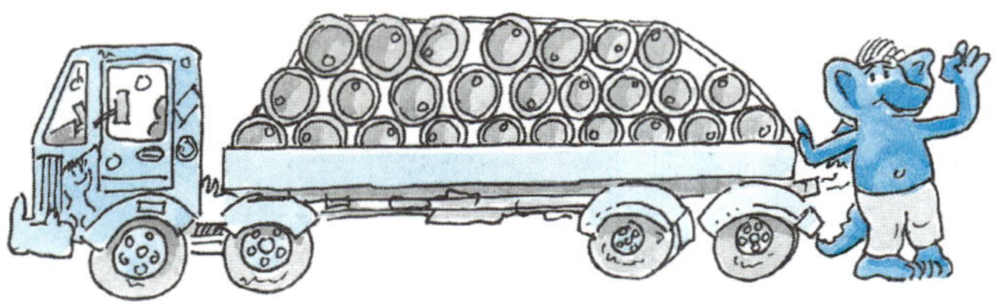

Ein Lastwagen, der mit 26 gleich schweren Fässern beladen ist, wiegt 7098 kg. Unbeladen wiegt er nur noch 2912 kg.

a) Wie viel kg wiegen die 26 Fässer?

b) Wie schwer ist ein Fass?

Bei dieser Aufgabe kommst du mit einem Rechenplan nicht weiter. Dafür kann dir so ein Streifen helfen.

Gewicht des leeren Lkw **2912 kg**

Gewicht der **26** Fässer

Gewicht des beladenen Lkw: **7098 kg**

Gewicht der 26 Fässer:
7098 kg – 2912 kg = 4186 kg

Gewicht eines Fasses:
4186 kg **: 26 = 161 kg**

1 Herr Huber kauft ein gebrauchtes Auto für 12800 €. Er gibt seinen Wagen für 3560 € in Zahlung. Den Rest will er in 12 gleichen Monatsraten bezahlen.

a) Welche Summe muss er in 12 Monatsraten bezahlen?

b) Wie groß ist jede Monatsrate? Auch hier hilft dir ein Streifen.

Übertrage die im Text gemachten Angaben in den Streifen.

2 Tina will 150 € sparen. 46,50 € besitzt sie schon. Sie hat noch 23 Wochen Zeit. Wie viel müsste sie jede Woche sparen? Zeichne einen Streifen.

3 Ein Zug fährt in A um 7.20 Uhr ab und kommt in B um 8.40 Uhr an. Von A nach B sind es 93,600 km.

Der Zug hält nicht auf der Strecke. Auch bei solchen Aufgaben macht eine Zeichnung den Sachverhalt deutlicher.

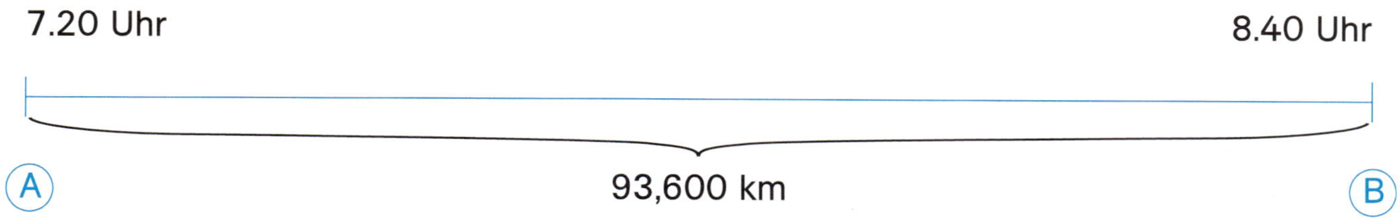

Beantworte jetzt diese Fragen:

a) Wie lange fährt der Zug? (Du musst die Zeitspanne von 7.20 Uhr–8.40 Uhr berechnen.)

b) Welche Strecke legt der Zug durchschnittlich in 1 Minute zurück? (Tipp: Für 93,600 km braucht er 80 min, wie viele km schafft er dann in 1 min?)

c) Welche Strecke legt er durchschnittlich in 1 Stunde zurück? (Bedenke: 1 h = 60 min)

4 Ein Vertreter begann eine Fahrt mit dem Auto um 7.35 Uhr. Um 8.50 Uhr war er am 153 km entfernten Ziel. Er fuhr ohne Pause.

a) Ergänze die Zeichnung.

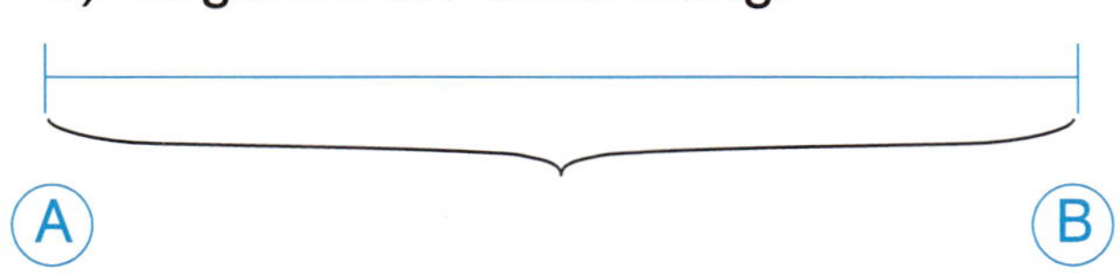

b) Berechne dazu die Fahrzeit.

c) Welche Strecke legte er durchschnittlich in 1 Minute zurück?

d) Welche Strecke fuhr er durchschnittlich in 1 Stunde?

5 Martin fährt mit dem Fahrrad in 1 Stunde durchschnittlich 15 km. Sein Schulweg beträgt 2,750 km. Was kannst du also sofort in die Zeichnung eintragen?

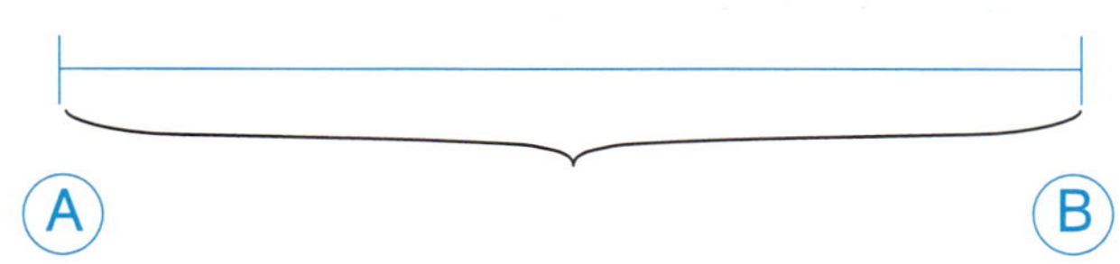

a) Wie viele km fährt er in 1 Minute? (Denke daran: 15 km fährt er in 1 Stunde und 1 h = 60 min)

b) Welche Zeit benötigt er für den Schulweg? Überlege so: Wenn er 0,250 km in 1 Minute schafft, dann braucht er für den Schulweg

2,750 km : ______ km = ________

c) Wann muss er spätestens aufbrechen, wenn er um 7.45 Uhr in der Schule sein will?

So findest du Bildungsgesetze von Zahlenfolgen

1 a) Betrachte die Zahlen der Zahlenfolge. Um welchen Betrag wachsen die Zahlen jeweils? ____________

b) Setze die Zahlenfolge um 4 Werte fort.

5	10	15	20	25				

2 a) Um welchen Betrag verändern sich die Zahlen dieser Zahlenfolge?

Sie werden um ____________ .

b) Setze die Zahlenfolge um 4 Werte fort.

81	72	63	54				

3 a) Findest du das Bildungsgesetz dieser Zahlenfolge? Untersuche, um welchen Wert jede folgende Zahl wächst.

b) Setze die Zahlenfolge um 4 Werte fort.

3	5	8	12	17				

4 a) Suche das Bildungsgesetz. Denke an Aufgabe 3.

b) Setze die Zahlenfolge um 4 Werte fort.

100	95	89	82	74				

5 a) Durch welche Rechnung gelangt man von 2 nach 4, von 4 nach 8, von 8 nach 16?

b) Setze die Zahlenfolge um 3 Werte fort.

2	4	8	16	32			

6 a) Findest du hier das Bildungsgesetz der Zahlenfolge? Denke an Aufgabe 5.

b) Setze die Zahlenfolge um 3 Werte fort.

2	6	18	54			

7 a) Welches Bildungsgesetz findest du für die erste, dritte, fünfte Zahl? Welches Bildungsgesetz gilt dagegen für die zweite, vierte, sechste Zahl?

b) Setze die Zahlenfolge um 4 Werte fort.

2	21	4	19	8	17				

8 a) Welches Bildungsgesetz findest du für die erste, dritte, fünfte Zahl? Welches Bildungsgesetz gilt dagegen für die zweite, vierte, sechste Zahl?

b) Setze die Zahlenfolge um 4 Werte fort.

4	40	12	35	36	30				

Kannst du diese Zahlenfolgen ergänzen?

1 Setze die Zahlenfolgen fort:

121	110	99	88				

2 Ergänze:

6	12	18	24				

3 Wie geht es weiter?

729	243	81	27			

4 Setze fort:

4	6	9	13				

5 Setze fort:

50	45	39	32				

6 Wie geht es weiter?

3	80	6	40	12	20				

7 Setze fort:

5	6	10	9	15	12				

8 Ergänze:

8	12	11	15	14	18				

Gleichungen und Ungleichungen

Gehe beim Lösen von Gleichungen und Ungleichungen so vor: Bei allen folgenden Aufgaben interessieren uns als Lösungen nur die Zahlen 1, 2, 3, 4, . . .

1 a) Welche Zahl musst du für x in die Gleichung $2 \cdot x = 10$ einsetzen, damit die entstehende Aufgabe richtig ist?

____

b) Welche Zahlen darfst du für x in die Ungleichung $x < 7$ einsetzen, damit die jeweils entstehende Aufgabe richtig ist?

____

Die Gleichung $2 \cdot x = 10$ besitzt die Lösung $x = 5$, weil $2 \cdot 5 = 10$ eine richtige (wahre) Aufgabe ist.

Die Ungleichung $x < 7$ hat dagegen die Lösungen $x = 1, 2, 3, 4, 5, 6,$ weil jeweils $1 < 7$; $2 < 7$ . . . $6 < 7$ richtige Aufgaben sind.

Du findest die Lösungen durch probierendes Einsetzen.

2 Bestimme die Lösungen für

a) $x < 6$ $x =$ ____________

b) $3 \cdot x = 6$ $x =$ ____________

c) $2 \cdot x < 10$ $x =$ ____________

d) $4 \cdot x = 16$ $x =$ ____________

3 Ermittle die Lösungen für

a) $x + 2 < 8$ $x =$ ____________

b) $x + 2 = 8$ $x =$ ____________

c) $16 + x = 21$ $x =$ ____________

d) $16 + x < 21$ $x =$ ____________

4 Welche Lösungen besitzen

a) $2 \cdot x + 5 = 13$ $x =$ ____________

b) $2 \cdot x + 5 < 13$ $x =$ ____________

c) $3 \cdot x + 5 = 20$ $x =$ ____________

d) $3 \cdot x + 5 < 20$ $x =$ ____________

Knacke diese Zahlenrätsel!

Wenn ich zum **Dreifachen** einer Zahl **14 hinzuzähle**, erhalte ich **20**.
Wie heißt die Zahl x? Löse die Aufgabe so:

3 · x	**+ 14**	**= 20**
das Dreifache der Zahl x →	14 hinzugezählt →	erhalte ich 20

Wie heißt also die Zahl x? 2

1 Wenn ich zum Vierfachen einer Zahl 5 hinzuzähle, erhalte ich 21.

a) Stelle eine Gleichung auf.

____

b) Wie heißt die Zahl x?

____

2 Wenn ich vom Fünffachen einer Zahl 10 abziehe, erhalte ich 15.

a) Stelle eine Gleichung auf.

____

b) Wie heißt die Zahl x?

____

3 Wenn ich vom Zehnfachen einer Zahl 20 abziehe, erhalte ich 30.

a) Stelle eine Gleichung auf.

____

b) Wie heißt die Zahl x?

____

4 Knackst du dieses Rätsel?
Ich denke mir eine Zahl. Wenn ich vom Dreifachen der Zahl 4 abziehe, erhalte ich 20. Wie heißt die Zahl?

____

Zusammenfassung

Hier wieder alles Wichtige des Kapitels im Überblick.

Begriffe	Erläuterungen
Rechenpläne	Viele Textaufgaben lassen sich mit Rechenplänen leichter lösen.

Beispiel:
Vater kauft **4** Flaschen Wein zu je **5** € und
3 zu je **8** €. Wie viel muss er bezahlen?

1. Sorte		**2. Sorte**	
4	5,00 €	3	8,00 €
20,00 €		24,00 €	
44,00 €			

Begriffe	Erläuterungen
Streifen und Strecken	Auch Streifen und Strecken kannst du als Lösungshilfen verwenden.

Beispiel:
250 t Kies sollen transportiert werden.
175 t wurden schon abgefahren.
Für den Rest stehen **5** Lastwagen zur Verfügung.
Wie viel t muss jeder laden?
Rest: 250 t − 175 t = **75 t**

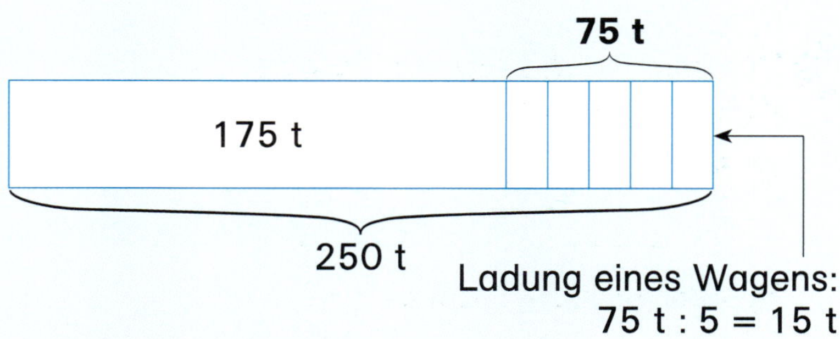

Zahlenfolgen

Die einzelnen Zahlen einer Zahlenfolge ergeben sich aus einem Bildungsgesetz. Sollst du eine Zahlenfolge fortsetzen, musst du dieses Gesetz ermitteln.

Beispiel:

4	5	8	20	12	80	16	…

Betrachte jede zweite Zahl:

	·4		·4		·4		
4	(5)	8	(20)	12	(80)	16	(…)
+4		+4		+4		+4	

Also heißen die vier nächsten Zahlen:

20	(320)	24	(1280)

Gleichungen und Ungleichungen

Ausdrücke mit x wie: $2 \cdot x + 5 = 17$
$2 \cdot x + 5 < 17$

Lösungen:
Gesucht sind die **Ersetzungen für x**, die einen **richtigen Ausdruck** ergeben. Dabei sollen hier für x nur die Zahlen 1, 2, 3, … eingesetzt werden.

$2 \cdot \mathbf{x} + 5 = 17$ **x = 6**

$2 \cdot \mathbf{x} + 5 < 17$ **x = 1, 2, 3, 4, 5**

Test

Überprüfe dein Wissen, indem du diese Aufgaben rechnest.

1 Ein spezieller Lastwagen mit vielen Extras kostet 65300 €. Der Käufer gibt seinen Wagen für 21740 € in Zahlung. Den Rest will er in 18 gleichen Monatsraten bezahlen.

2 Ein Wagen soll 3000 kg laden. 25 Kisten wiegen je 27,500 kg, 30 Kisten je 22,500 kg. Wie schwer muss jede Kiste einer 3. Sorte sein, wenn von ihr noch 20 verladen werden sollen?

3 Ingo geht in 1 Stunde durchschnittlich 4,500 km. Sein Schulweg beträgt 2,700 km.

a) Wie viele km geht er in 1 Minute?

b) Welche Zeit benötigt er für den Schulweg?

c) Wann muss er spätestens aufbrechen, wenn er um 7.45 Uhr in der Schule sein will?

4 Ergänze diese Zahlenfolgen jeweils um 4 Werte:

a)	4	5	8	20	12	80	16			
b)	7	10	12	13	17	16				

5 Bestimme die Lösungen:

a) $3 \cdot x - 2 = 7$ ______________

b) $3 \cdot x - 2 < 7$ ______________

In deiner Umwelt gibt es viele Gegenstände, Körper, Flächen, die symmetrisch sind. Es ist also nützlich, sich mit Falten oder Spiegeln auseinander zu setzen, weil du lernen kannst, wie solche Figuren konstruiert werden. Außerdem kannst du hier die wichtigsten Eigenschaften von Würfeln und Quadern wiederholen. Sie werden dich noch lange im Geometrieunterricht begleiten.

Falten – Spiegeln

Durch Falten oder Spiegeln kannst du dir symmetrische Figuren herstellen. Gehe so vor:

Figur auf ein gefaltetes Papier zeichnen

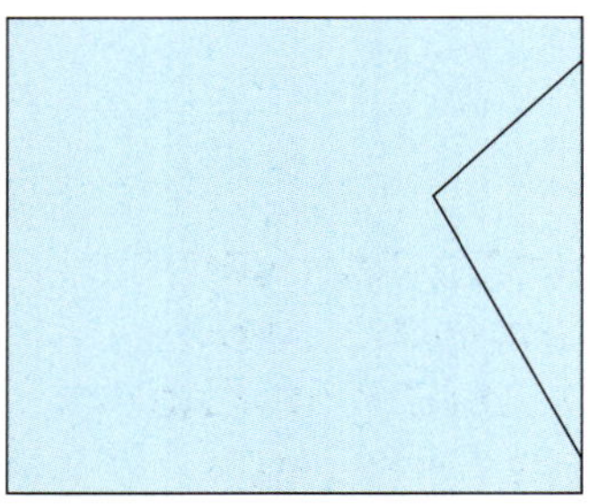

Figur ausschneiden und auffalten

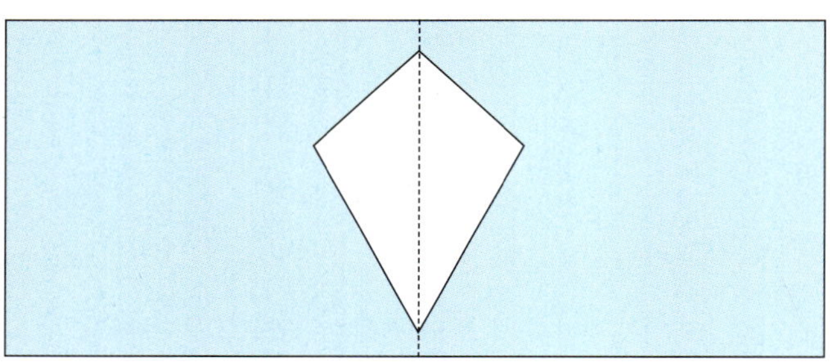

Faltachse

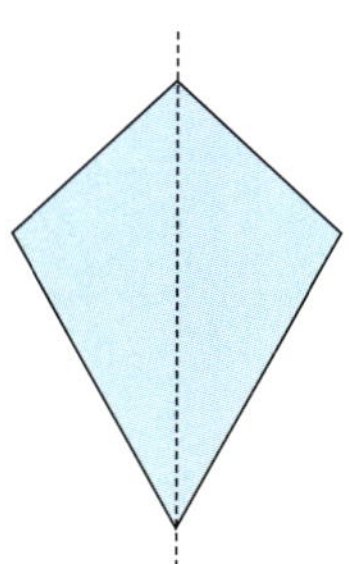

Figur mit Spiegelachsen zeichnen

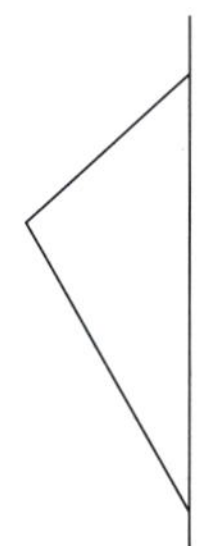

Eckpunkte spiegeln: A bzw A' sind jeweils gleich weit von der Spiegelachse entfernt.

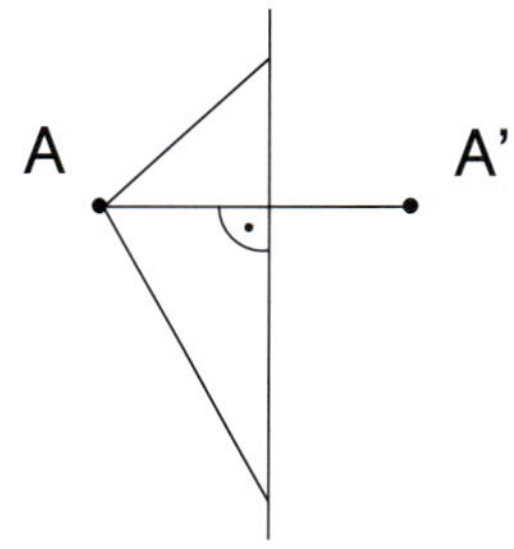

Figur ergänzen

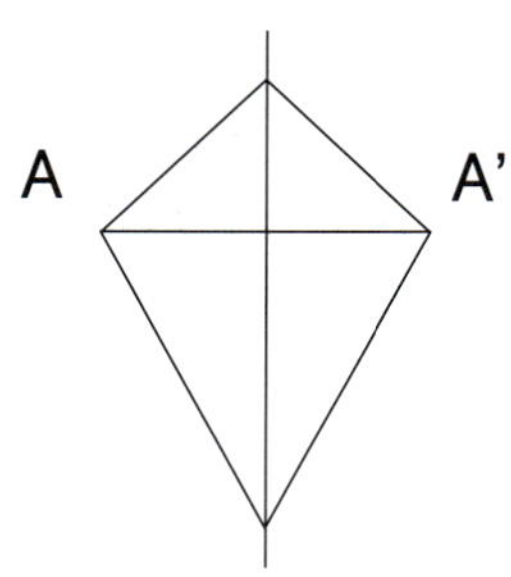

Spiegelachse

Durch Falten oder Spiegeln entstehen **symmetrische Figuren**.
Die Faltachse und die Spiegelachse heißen auch **Symmetrieachse**.

1 Welche symmetrischen Figuren entstehen hier? Zeichne sie jeweils in dein Heft.

a) 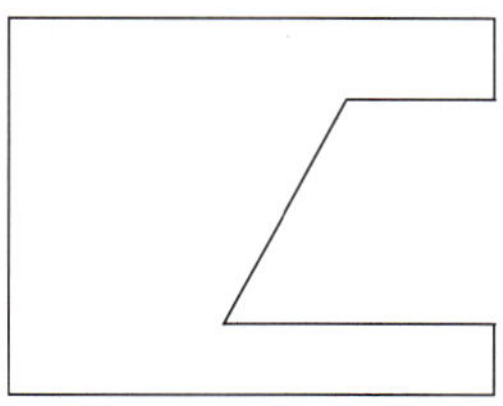

b) 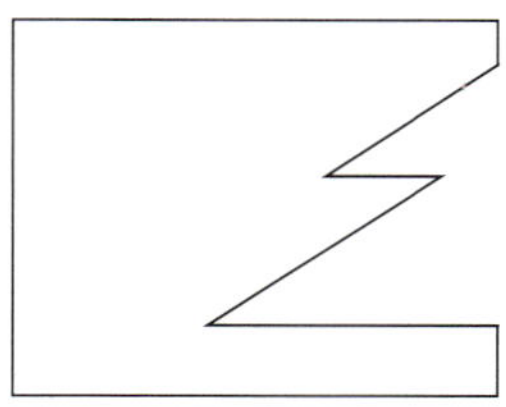

c) 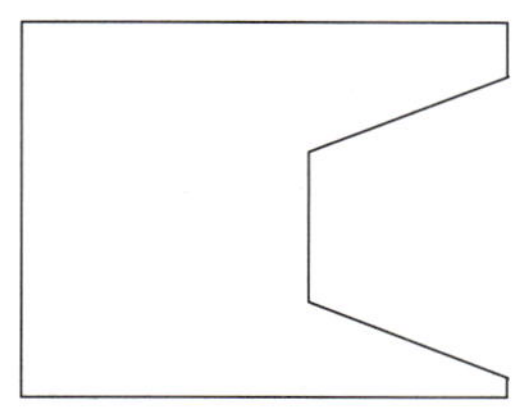

2 Spiegele hier:

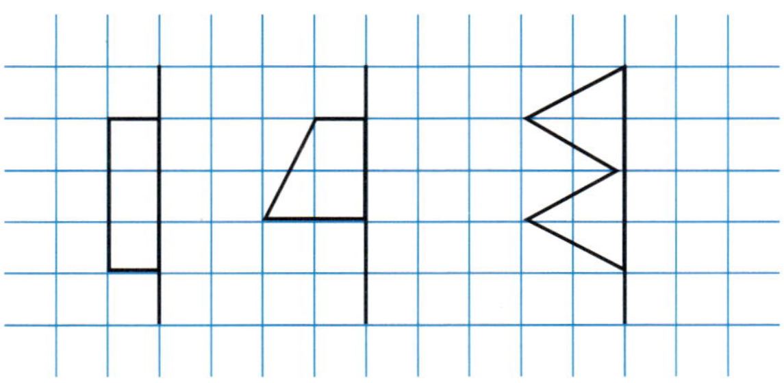

Willst du feststellen, ob eine Figur symmetrisch ist, so muss sie mindestens eine Faltachse (Symmetrieachse) besitzen. Beide Teile der Figur müssen sich also beim Falten (Spiegeln) an dieser Achse decken.

3 Sind die hier eingezeichneten Achsen wirklich Faltachsen (Spiegelachsen)? Notiere ja oder nein.

a) 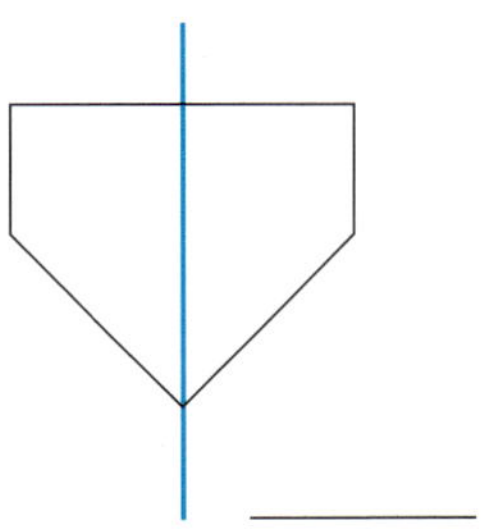

b) 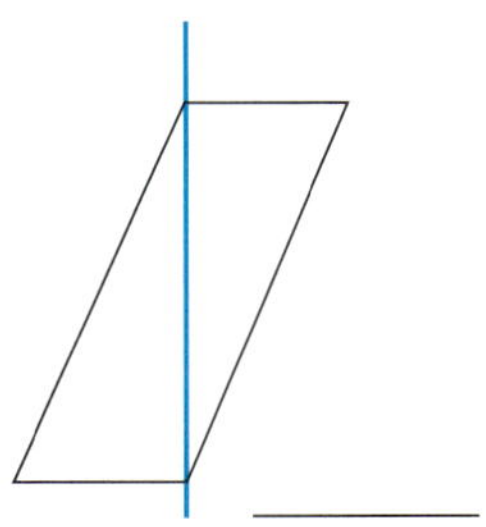

c) 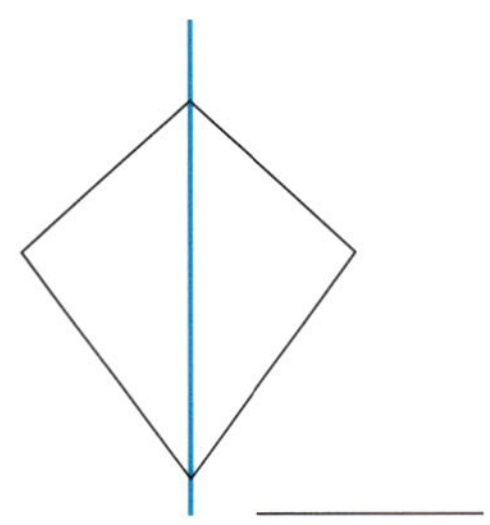

4 Welche dieser Figuren sind symmetrisch? Kannst du ihre Spiegelachse (Symmetrieachse) einzeichnen?

a) 

b) 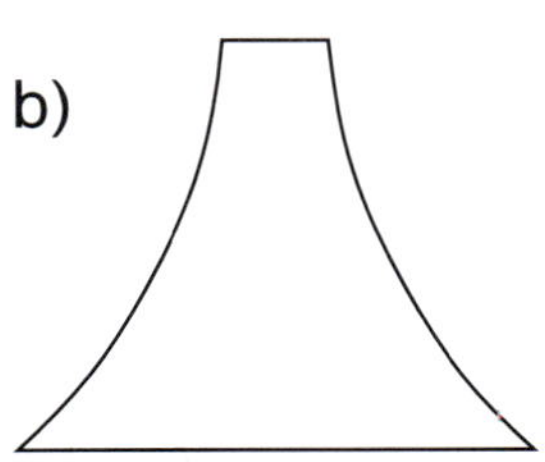

c) 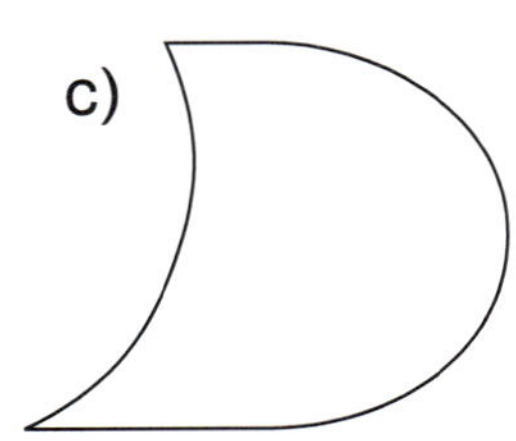

Von Körpern zu Flächen

Wenn du einen quaderförmigen Kasten geschickt aufschneidest und die Flächen flach auf die Ebene legst, erhältst du ein Quadernetz.

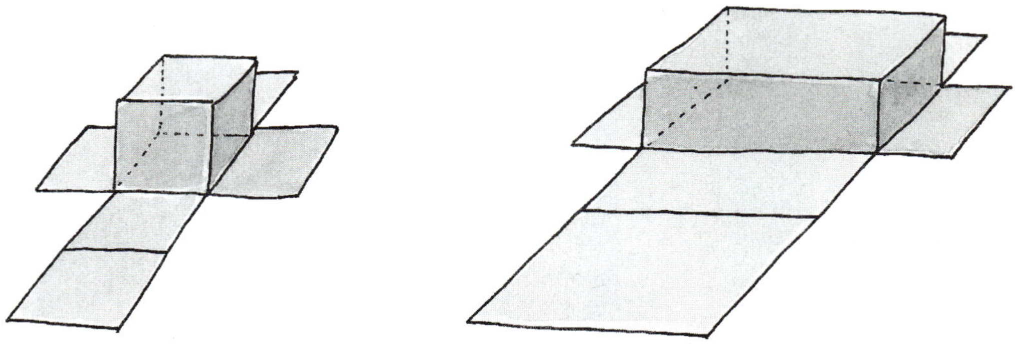

1 Könntest du hier jeweils einen Quader zusammenfalten? Notiere ja oder nein!

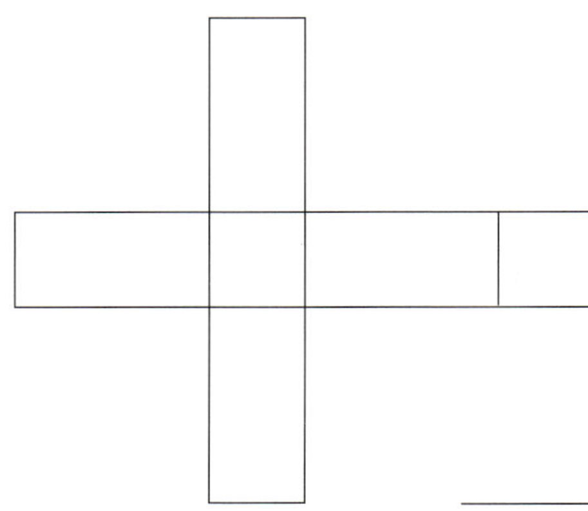

2 Erhältst du hier jeweils Würfel?

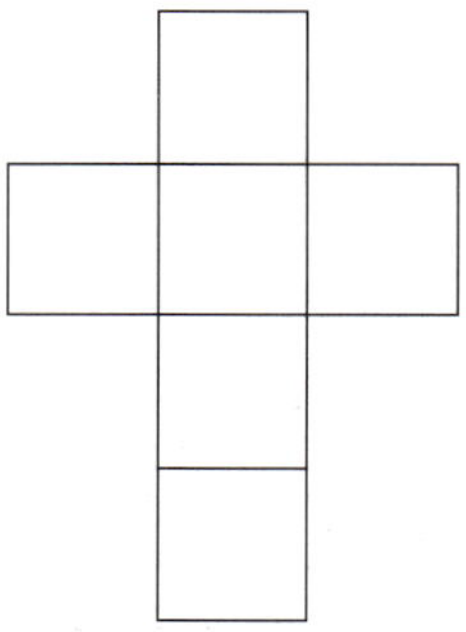

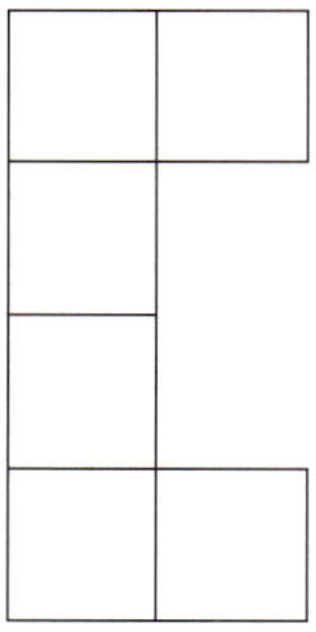

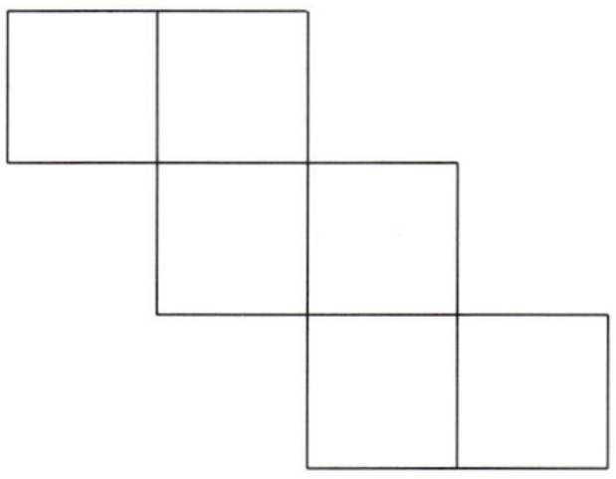

3 a) Ein Rechteck ist symmetrisch. Es besitzt sogar zwei Spiegelachsen. Zeichne sie in dieses Rechteck ein.

b) Findest du die vier Spiegelachsen eines Quadrats? Zeichne sie ein.

4 Diese Flächen sollen mit quadratischen Fliesen ausgelegt werden. Wie viele passen jeweils hinein? Zeichne sie ein und gib jeweils ihre Anzahl an.

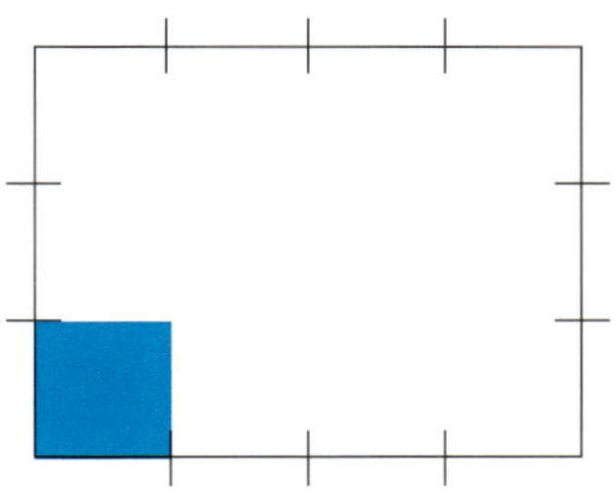

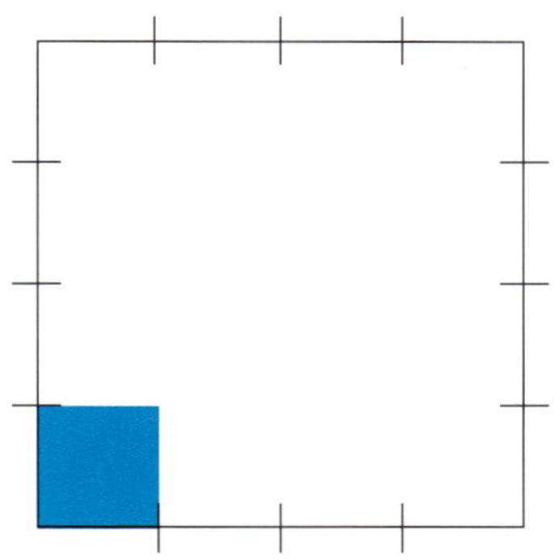

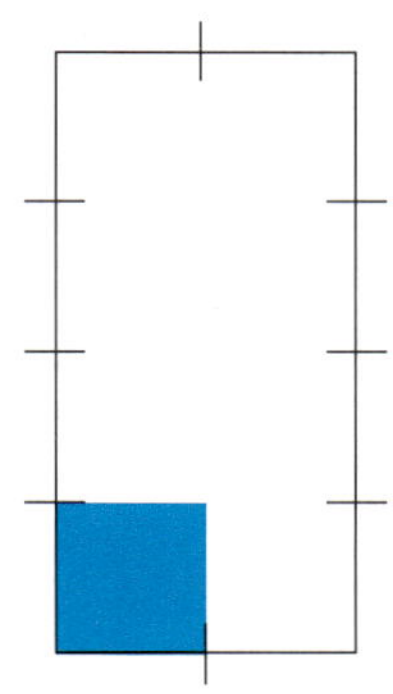

5 Du hast 6 quadratische Fliesen. Sie lassen sich zu Rechteckflächen zusammenlegen.

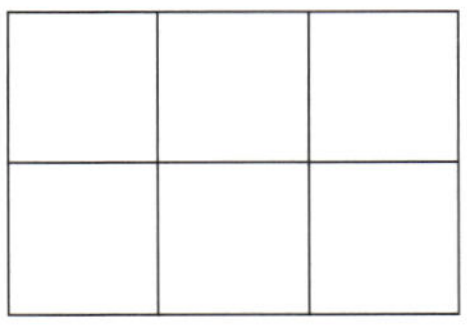

Wie viele Rechtecke kannst du aus 12 quadratischen Fliesen legen? Zeichne sie in dein Heft.

Zusammenfassung

Alles Wichtige aus dem letzten Kapitel ist hier übersichtlich zusammengestellt.

Begriffe	Erläuterungen
Falten – Spiegeln	Durch Falten oder Spiegeln entstehen symmetrische Figuren.
Symmetrische Figuren 	Besitzt eine Figur mindestens eine Faltachse (Spiegelachse), so ist sie symmetrisch. 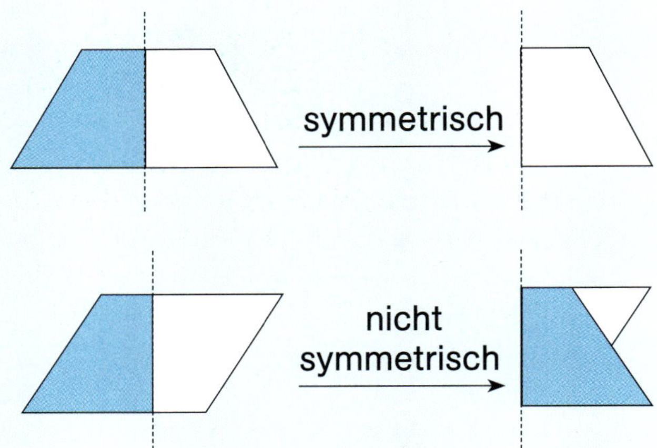
Quader – Würfelnetz	Alle Begrenzungsflächen dieser Körper bilden die Netze. 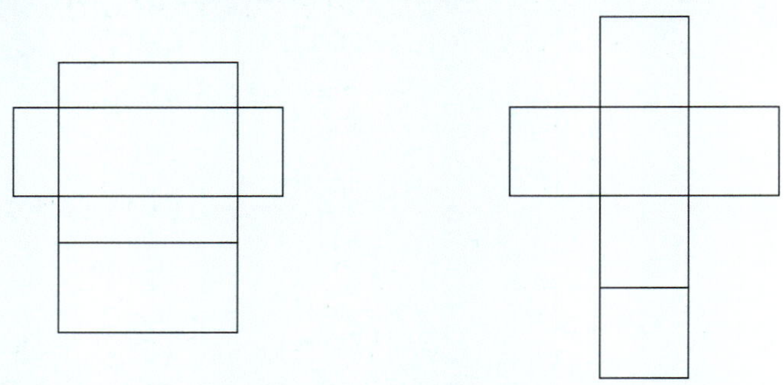

Test

Löse diese Aufgaben und überprüfe so dein Wissen.

1 a) Welche symmetrischen Figuren entstehen? Zeichne sie in dein Heft.

b) Spiegle diese Figuren hier:

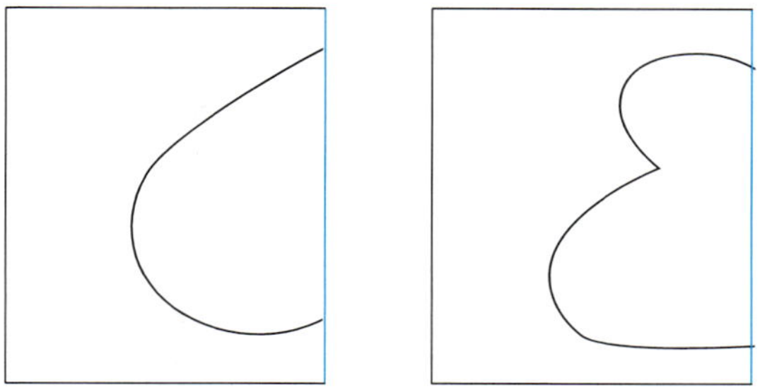

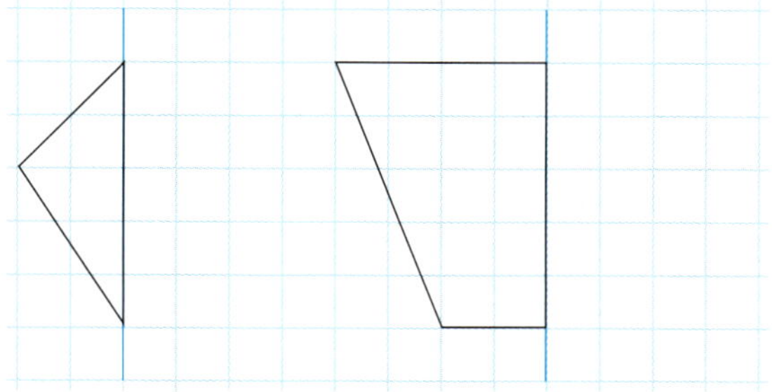

2 Welche dieser Figuren sind symmetrisch? Zeichne ihre Spiegelungsachse ein.

a) 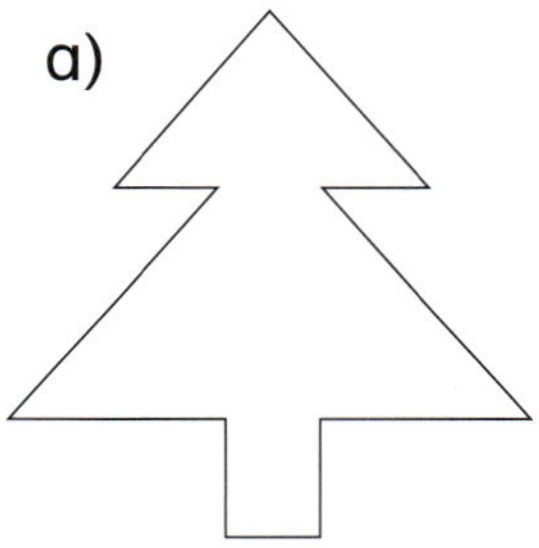

b) 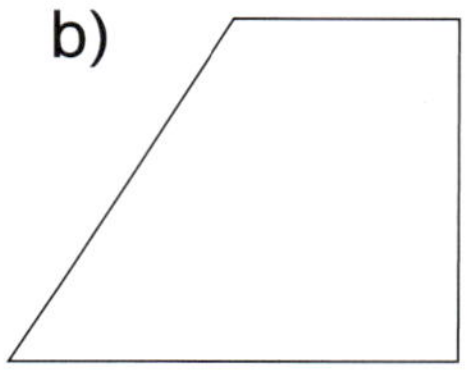

c) 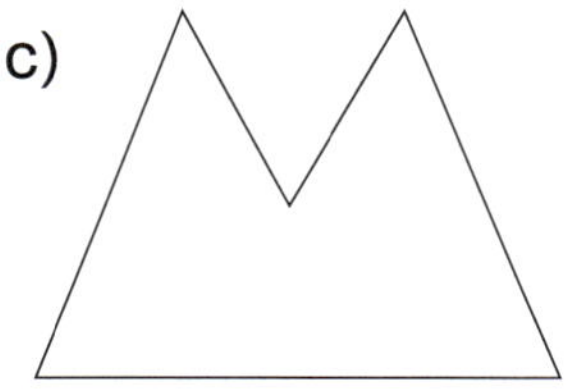

3 Lässt sich hier jeweils ein Würfel zusammenfalten?

a) 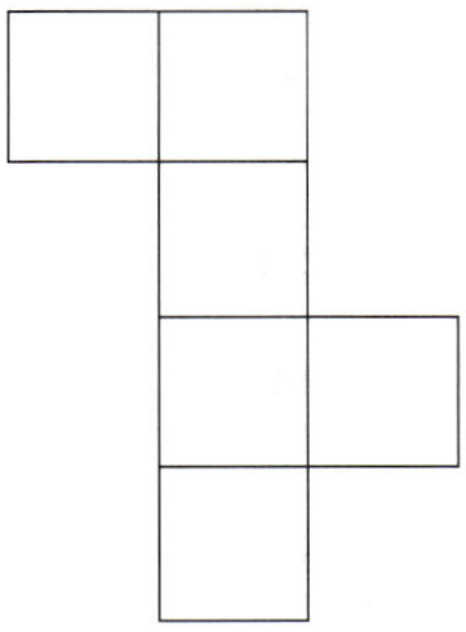

b) 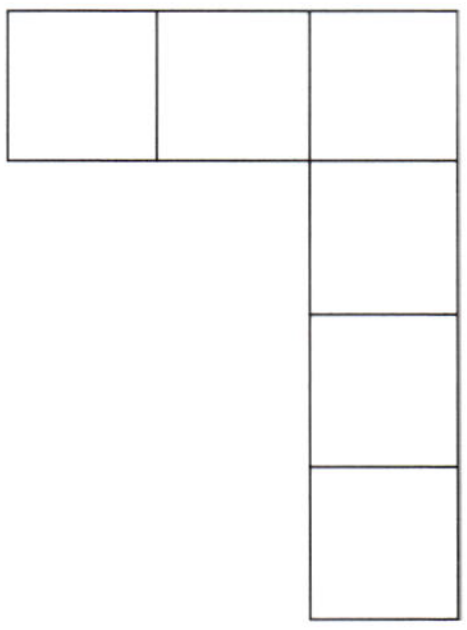

c) 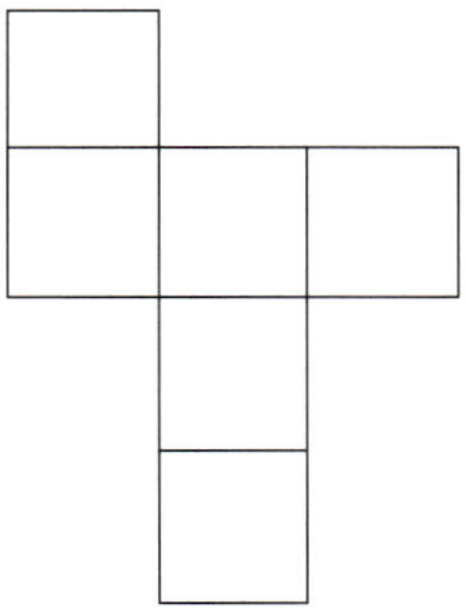

4 Du hast 16 quadratische Fliesen. Wie viele verschiedene Rechtecke kannst du daraus zusammensetzen? Zeichne sie in dein Heft.

Lösungen

Seite 4

1. a) 16, 36, 76, 96 b) 7, 27, 57, 37 c) 41, 39, 83, 75

2. a) 130, 170, 110, 130 b) 70, 70, 70, 90 c) 110, 70, 130, 60

3. a) 910, 710, 210, 800 b) 580, 790, 300, 490 c) 260, 180, 920, 390

Seite 5

1. a) 3 + 5 + 7 = 15
8 + 1 + 6 = 15

b) 9 + 5 + 1 = 15
2 + 7 + 6 = 15

c) 8 + 5 + 2 = 15

2. b) ist **kein** magisches Quadrat.
Richtig:

8	9	4
3	7	11
10	**5**	6

3. a)

70	**120**	50
60	**80**	**100**
110	**40**	90

b)

130	**80**	**90**
60	100	140
110	**120**	**70**

c)

9	**14**	13
16	12	**8**
11	**10**	**15**

d)

17	**12**	13
10	14	**18**
15	**16**	11

Seite 6

1. Der Fehler steckt in Tabelle b).
Richtig: (⊖ →, ⊖ ↓)

30	12	18
14	7	7
16	**5**	11

2. a) (⊕ →, ⊕ ↓)

120	140	**260**
110	90	**200**
230	**230**	**460**

b) (⊕ →, ⊕ ↓)

180	70	**250**
90	150	**240**
270	**220**	**490**

c) (⊖ →, ⊖ ↓)

55	15	**40**
40	8	**32**
15	**7**	**8**

3. a)

34	32	27	71	98

b)

16	37	18	18	26

Seite 7

1. a) 84 + 19 = 94 + 9 = 103
46 + 28 = 66 + 8 = 74
39 + 45 = 79 + 5 = 84
72 + 19 = 82 + 9 = 91

b) 92 − 27 = 72 − 7 = 65
81 − 49 = 41 − 9 = 32
45 − 28 = 25 − 8 = 17
51 − 26 = 31 − 6 = 25

c) 79 + 17 = 89 + 7 = 96
83 − 45 = 43 − 5 = 38
24 + 39 = 54 + 9 = 63
74 − 55 = 24 − 5 = 19

2. a) 420 + 95 = 510 + 5 = 515
370 + 84 = 450 + 4 = 454
250 + 76 = 320 + 6 = 326
720 + 91 = 810 + 1 = 811

b) 410 − 96 = 320 − 6 = 314
820 − 38 = 790 − 8 = 782
240 − 56 = 190 − 6 = 184
540 − 65 = 480 − 5 = 475

c) 360 + 77 = 430 + 7 = 437
250 − 63 = 190 − 3 = 187
170 + 45 = 210 + 5 = 215
210 − 88 = 130 − 8 = 122

Seite 8

3. a) 3500 + 8**20** = 4300 + **20** = 4320
6700 + 4**10** = 7100 + **10** = 7110
8600 + 5**20** = 9100 + **20** = 9120
4800 + 9**70** = 5700 + **70** = 5770

b) 8400 − 8**20** = 7600 − **20** = 7580
6300 − 5**90** = 5800 − **90** = 5710
4300 − 8**20** = 3500 − **20** = 3480
2100 − 4**60** = 1700 − **60** = 1640

c) 6300 + 9**50** = 7200 + **50** = 7250
7600 − 7**50** = 6900 − **50** = 6850
9300 − 6**60** = 8700 − **60** = 8640
2600 + 8**50** = 3400 + **50** = 3450

4. a) 60 + 28 = 88
70 + 34 = 104
80 + 18 = 98

b) 70 − 37 = 33
60 − 45 = 15
60 − 28 = 32

5. a) 54 + 40 = 94
33 + 60 = 93
38 + 40 = 78

b) 64 − 40 = 24
71 − 60 = 11
93 − 70 = 23

Seite 9

1. a)

+	8	12	15	25
27	35	39	42	52
43	51	55	58	68
55	63	67	70	80
38	46	50	53	63

b)

−	80	120	150	250
270	190	150	120	20
430	350	310	280	180
550	470	430	400	300
380	300	260	230	130

2. a)

+	60	23	32	17
340	400	363	372	357
660	720	683	692	677
410	470	433	442	427
790	850	813	822	807

b)

−	60	23	32	17
340	280	317	308	323
660	600	637	628	643
410	350	387	378	393
790	730	767	758	773

c)

+	50	90	80	40
110	160	200	190	150
480	530	570	560	520
220	270	310	300	260
340	390	430	420	380

d)

−	50	90	80	40
110	60	20	30	70
480	430	390	400	440
220	170	130	140	180
340	290	250	260	300

Seite 10

1. a) 7, 70, 700, 7000 b) 2, 20, 200, 2000

2. a) 32000 + 16000 = 48000
32 + 16 = 48
45000 + 9000 = 54000
45 + 9 = 54
87000 + 12000 = 99000
87 + 12 = 99

b) 47000 − 5000 = 42000
47 − 5 = 42
62000 − 18000 = 44000
62 − 18 = 44
41000 − 19000 = 22000
41 − 19 = 22

c) 16000 + 7000 = 23000
16 + 7 = 23
29000 − 14000 = 15000
29 − 14 = 15
35000 + 26000 = 61000
35 + 26 = 61

Seite 11

3. a) 4200 + 900 = 5100
42 + 9 = 51
700 + 8600 = 9300
7 + 86 = 93
6700 + 500 = 7200
67 + 5 = 72

b) 6340 + 80 = 6420
634 + 8 = 642
7920 + 90 = 8010
792 + 9 = 801
650 + 120 = 770
65 + 12 = 77

c) 5320 − 70 = 5250
532 − 7 = 525
4840 − 90 = 4750
484 − 9 = 475
6700 − 800 = 5900
67 − 8 = 59

4. a) 4335 + 90 = 4425
335 + 90 = 425
5147 + 70 = 5217
147 + 70 = 217
6244 + 80 = 6324
244 + 80 = 324

b) 9145 + 250 = 9395
145 + 250 = 395
6271 + 320 = 6591
271 + 320 = 591
7515 + 150 = 7665
515 + 150 = 665

c) 4375 − 80 = 4295
375 − 80 = 295
5125 − 40 = 5085
125 − 40 = 85
6721 − 90 = 6631
721 − 90 = 631

5. a) 4800 + 580 = ?
5300 + 80 = 5380
oder
5000 + 380 = 5380

7600 + 490 = ?
8000 + 90 = 8090

6800 + 760 = ?
7500 + 60 = 7560
oder
7000 + 560 = 7560

b) 5600 + 820 = ?
6400 + 20 = 6420
oder
6000 + 420 = 6420

6800 + 470 = ?
7200 + 70 = 7270
oder
7000 + 270 = 7270

3700 + 960 = ?
4600 + 60 = 4660
oder
4000 + 660 = 4660

Seite 12

6. a) 7300 − 860 = ?
6500 − 60 = 6440
oder
7000 − 560 = 6440

6400 − 750 = ?
5700 − 50 = 5650
oder
6000 − 350 = 5650

8200 − 430 = ?
7800 − 30 = 7770
oder
8000 − 230 = 7770

9500 − 620 = ?
8900 − 20 = 8880
oder
9000 − 120 = 8880

b) 8100 − 350 = ?
7800 − 50 = 7750
oder
8000 − 250 = 7750

6300 − 480 = ?
5900 − 80 = 5820
oder
6000 − 180 = 5820

7200 − 560 = ?
6700 − 60 = 6640
oder
7000 − 360 = 6640

8200 − 840 = ?
7400 − 40 = 7360
oder
8000 − 640 = 7360

7. a) 9320 + 680 = 10000
8450 + 550 = 9000
7260 + 740 = 8000
8150 + 850 = 9000

b) 6370 + 630 = 7000
4140 + 860 = 5000
2530 + 470 = 3000
6150 + 850 = 7000

8. a) ⊕ (rows), ⊖ (columns)

8400	960	9360
340	660	1000
8060	300	8360

b) ⊕ (rows), ⊖ (columns)

5600	580	6180
550	450	1000
5050	130	5180

c) ⊕ (rows), ⊕ (columns)

12000	1500	13500
19000	800	19800
31000	2300	33300

d) ⊖ (rows), ⊖ (columns)

67000	35000	32000
41000	29000	12000
26000	6000	20000

9. a) Du erhältst die Zahl 7600.
b) Die Zahl ist insgesamt um 2800 gewachsen.
c) 4800 + 7 · 400 = ?
4800 + 2800 = 7600

Seite 13

1. a)

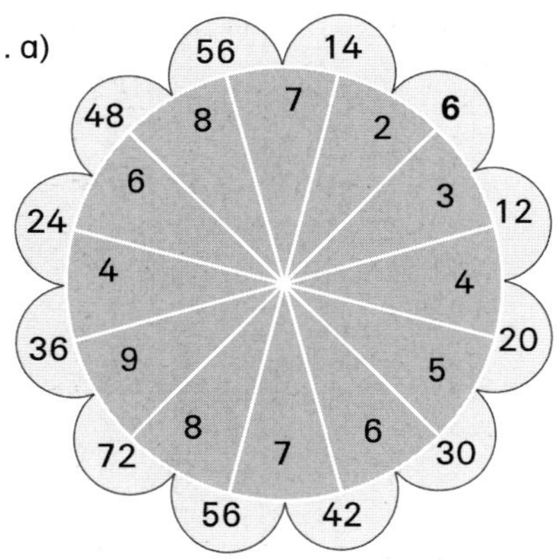

b)

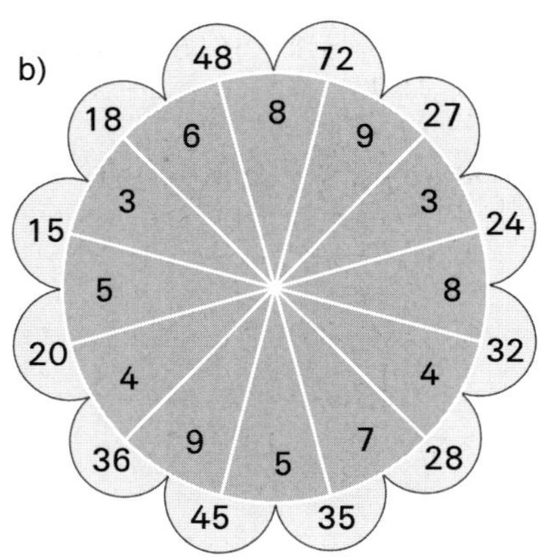

2. a)

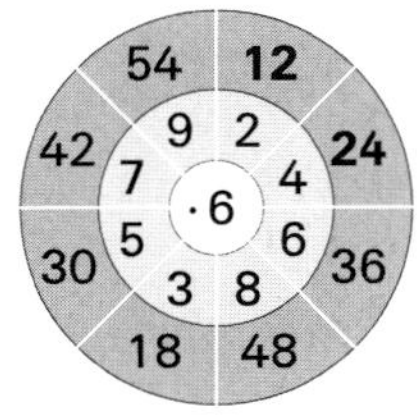

b)

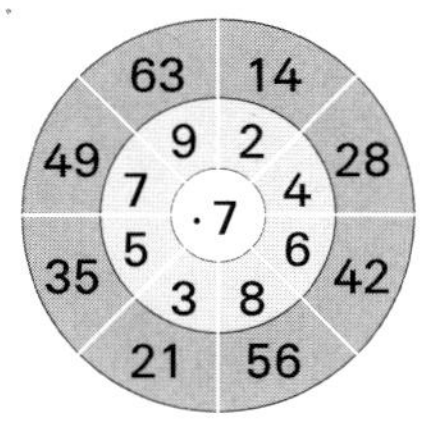

c)

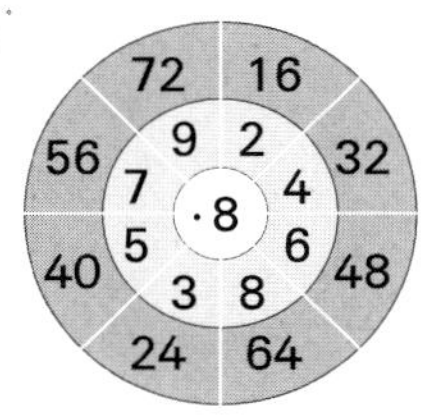

d)

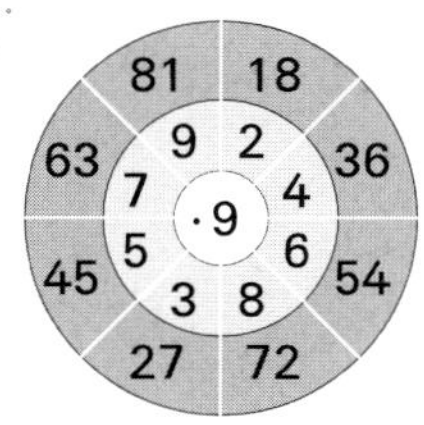

3. a)

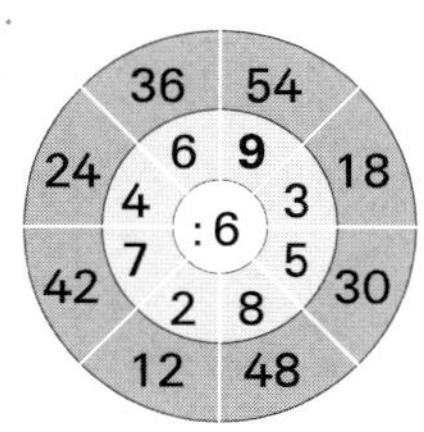

b)

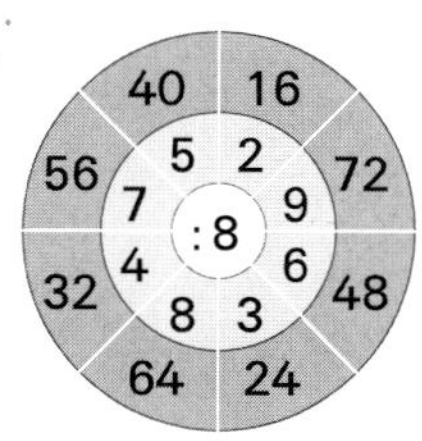

c)

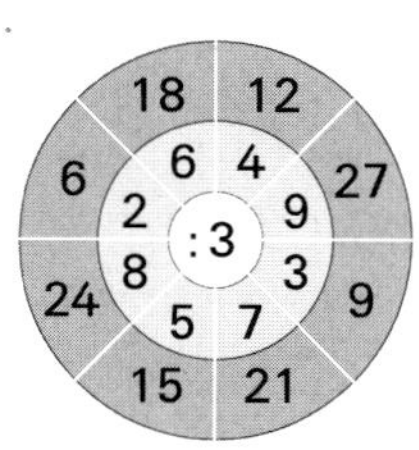

Seite 14

1. a)

·	100	10	1000	10000
25	2500	250	25000	250000
7	700	70	7000	70000
135	13500	1350	135000	1350000
50	5000	500	50000	500000

b)

:	1000	10	100
37000	37	3700	370
180000	180	18000	1800
90000	90	9000	900
72000	72	7200	720

2. a) 7 · 500 = 3500
7 · 5 = 35
6 · 9000 = 54000
6 · 9 = 54
8 · 1200 = 8400
8 · 12 = 84

b) 9 · 70 = 630
9 · 7 = 63
5 · 800 = 4000
5 · 8 = 40
6 · 9000 = 54000
6 · 9 = 54

c) 250 : 5 = 50
25 : 5 = 5
4500 : 9 = 500
45 : 9 = 5
12000 : 6 = 2000
12 : 6 = 2

Seite 15

2. d)

·	40	300	7000
15	600	4500	105000
7	280	2100	49000
9	360	2700	63000
12	480	3600	84000

e)

:	4	6	12
24000	6000	4000	2000
6000	1500	1000	500
720	180	120	60
36000	9000	6000	3000

3. a) 500 · 40 = 20000
5 · 4 = 20
70 · 8000 = 560000
7 · 8 = 56
120 · 600 = 72000
12 · 6 = 72
500 · 800 = 400000
5 · 8 = 40

b) 7200 : 80 = 90
720 : 8 = 90
7200 : 800 = 9
72 : 8 = 9
4500 : 50 = 90
450 : 5 = 90
4500 : 500 = 9
45 : 5 = 9

c) 81000 : 90 = 900
8100 : 9 = 900
5600 : 80 = 70
560 : 8 = 70
420 : 60 = 7
42 : 6 = 7
48000 : 6000 = 8
48 : 6 = 8

d)

·	50	600	7000
70	3500	42000	490000
800	40000	480000	5600000
40	2000	24000	280000
200	10000	120000	1400000

e)

:	30	200	600
7200	240	36	12
18000	600	90	30
2400	80	12	4
12000	400	60	20

Seite 16

1. a) 139 · 7
100 · 7 = 700
+ 30 · 7 = 210
+ 9 · 7 = 63
139 · 7 = 973

523 · 4
500 · 4 = 2000
+ 20 · 4 = 80
+ 3 · 4 = 12
523 · 4 = 2092

621 · 7
600 · 7 = 4200
+ 20 · 7 = 140
+ 1 · 7 = 7
621 · 7 = 4347

317 · 9
300 · 9 = 2700
+ 10 · 9 = 90
+ 7 · 9 = 63
317 · 9 = 2853

b) 241 · 6
200 · 6 = 1200
+ 40 · 6 = 240
+ 1 · 6 = 6
241 · 6 = 1446

824 · 5
800 · 5 = 4000
+ 20 · 5 = 100
+ 4 · 5 = 20
824 · 5 = 4120

937 · 8
900 · 8 = 7200
+ 30 · 8 = 240
+ 7 · 8 = 56
937 · 8 = 7496

425 · 6
400 · 6 = 2400
+ 20 · 6 = 120
+ 5 · 6 = 30
425 · 6 = 2550

c) 148 · 3
100 · 3 = 300
+ 40 · 3 = 120
+ 8 · 3 = 24
148 · 3 = 444

534 · 9
500 · 9 = 4500
+ 30 · 9 = 270
+ 4 · 9 = 36
534 · 9 = 4806

712 · 6
700 · 6 = 4200
+ 10 · 6 = 60
+ 2 · 6 = 12
712 · 6 = 4272

453 · 8
400 · 8 = 3200
+ 50 · 8 = 400
+ 3 · 8 = 24
453 · 8 = 3624

2. a) 235 · 7 = 1400 + 210 + 35 =
= 1645
412 · 8 = 3200 + 80 + 16 =
= 3296
521 · 3 = 1500 + 60 + 3 =
= 1563
216 · 5 = 1000 + 50 + 30 =
= 1080

b) 137 · 5 = 500 + 150 + 35 =
= 685
217 · 3 = 600 + 30 + 21 =
= 651
429 · 4 = 1600 + 80 + 36 =
= 1716
832 · 6 = 4800 + 180 + 12 =
= 4992

c) 625 · 2 = 1200 + 40 + 10 =
= 1250
721 · 9 = 6300 + 180 + 9 =
= 6489
169 · 8 = 800 + 480 + 72 =
= 1352
432 · 5 = 2000 + 150 + 10 =
= 2160

d) 316 · 7 = 2100 + 70 + 42 =
= 2212
425 · 8 = 3200 + 160 + 40 =
= 3400
679 · 6 = 3600 + 420 + 54 =
= 4074
431 · 9 = 3600 + 270 + 9 =
= 3879

Seite 17

3. a) 5965 : 5
5000 : 5 = 1000
\+ 500 : 5 = 100
\+ 450 : 5 = 90
\+ 15 : 5 = 3
5965 : 5 = 1193

4269 : 3
3000 : 3 = 1000
\+ 1200 : 3 = 400
\+ 60 : 3 = 20
\+ 9 : 3 = 3
4269 : 3 = 1423

4254 : 6
4200 : 6 = 700
\+ 54 : 6 = 9
4254 : 6 = 709

8199 : 9
8100 : 9 = 900
\+ 90 : 9 = 10
\+ 9 : 9 = 1
8199 : 9 = 911

b) 4345 : 5
4000 : 5 = 800
\+ 300 : 5 = 60
\+ 45 : 5 = 9
4345 : 5 = 869

7236 : 9
7200 : 9 = 800
\+ 36 : 9 = 4
7236 : 9 = 804

1484 : 4
1200 : 4 = 300
\+ 200 : 4 = 50
\+ 80 : 4 = 20
\+ 4 : 4 = 1
1484 : 4 = 371

7092 : 3
6000 : 3 = 2000
\+ 900 : 3 = 300
\+ 180 : 3 = 60
\+ 12 : 3 = 4
7092 : 3 = 2364

c) 4896 : 4
4000 : 4 = 1000
\+ 800 : 4 = 200
\+ 80 : 4 = 20
\+ 80
4896 : 4 = 1224

6084 : 6
6000 : 6 = 1000
\+ 60 : 6 = 10
\+ 24 : 6 = 4
6084 : 6 = 1014

9785 : 5
5000 : 5 = 1000
\+ 4500 : 5 = 900
\+ 250 : 5 = 50
\+ 35 : 5 = 7
9785 : 5 = 1957

5360 : 8
4800 : 8 = 600
\+ 560 : 8 = 70
5360 : 8 = 670

4. a) 8245 : 5 =
= 1000 + 600 + 40 + 9 = 1649
6248 : 4 =
= 1000 + 500 + 60 + 2 = 1562
9423 : 9 =
= 1000 + 40 + 7 = 1047
8568 : 7 =
= 1000 + 200 + 20 + 4 = 1224

b) 5425 : 5 =
= 1000 + 80 + 5 = 1085
8478 : 2 =
= 4000 + 200 + 30 + 9 = 4239
4124 : 4 =
= 1000 + 30 + 1 = 1031
7248 : 8 = 900 + 6 = 906

c) 3714 : 3 =
= 1000 + 200 + 30 + 8 = 1238
9522 : 9 =
= 1000 + 50 + 8 = 1058
4374 : 6 = 700 + 20 + 9 = 729
8735 : 5 =
= 1000 + 700 + 40 + 7 = 1747

d) 3212 : 4 = 800 + 3 = 803
6732 : 9 = 700 + 40 + 8 = 748
4125 : 3 =
= 1000 + 300 + 70 + 5 = 1375
7525 : 5 =
= 1000 + 500 + 5 = 1505

5. a) 198 · 4 = 792
Man benötigt 792 Platten.

b) 198 · 6 = 1188
Man benötigt 1188 Platten.

6. a) 2648 : 4 = 662
662 Platten passen in jede Reihe.

b) 2648 : 8 = 331
331 Platten liegen in jeder Reihe.

Seite 18

1. a) 9 → 9 · 5 = 45
6 → 6 · 6 = 36
4 → 4 · 7 = 28

b) 80 → 80 · 4 = 320
30 → 30 · 6 = 180
50 → 50 · 5 = 250

c) 8 → 8 · 70 = 560
6 → 6 · 80 = 480
7 → 7 · 30 = 210

d) 18 → 18 · 30 = 540
9 → 9 · 30 = 270
5 → 5 · 80 = 400

2. a) 4 R 1 → 4 · 7 + 1 = 29
5 R 5 → 5 · 6 + 5 = 35
6 R 3 → 6 · 8 + 3 = 51

b) 4 R 3 → 4 · 8 + 3 = 35
8 R 2 → 8 · 5 + 2 = 42
8 R 2 → 8 · 3 + 2 = 26

c) 30 R 2 → 30 · 8 + 2 = 242
30 R 5 → 30 · 6 + 5 = 185
50 R 1 → 50 · 5 + 1 = 251

d) 2 R 60 → 2 · 70 + 60 = 200
3 R 10 → 3 · 90 + 10 = 280
6 R 10 → 6 · 50 + 10 = 310

3. a) 46 : 9 = 5 R 1
58 : 7 = 8 R 2
62 : 8 = 7 R 6

b) 420 : 80 = 5 R 20
840 : 90 = 9 R 30
610 : 70 = 8 R 50

c) 35 : 6 = 5 R 5
430 : 70 = 6 R 10
600 : 80 = 7 R 40

Seite 19

1. 39 + 45 = 84
   (+ 1) (− 1)
   40 + 44 = 84

   168 + 25 = 193
   (+ 2) (− 2)
   170 + 23 = 193

   41 + 58 = 99
   (− 2) (+ 2)
   39 + 60 = 99

   72 − 34 = 38
   (+ 6) (+ 6)
   78 − 40 = 38

   186 − 49 = 137
   (+ 1) (+ 1)
   187 − 50 = 137

   96 − 58 = 38
   (+ 2) (+ 2)
   98 − 60 = 38

2. a) 69 + 25 = 70 + 24 = 94
   76 + 28 = 74 + 30 = 104
   139 + 46 = 140 + 45 = 185
   248 + 45 = 250 + 43 = 293

   b) 95 − 38 = 97 − 40 = 57
   127 − 99 = 128 − 100 = 28
   259 − 63 = 266 − 70 = 196
   61 − 39 = 62 − 40 = 22

   c) 37 + 59 = 36 + 60 = 96
   176 − 68 = 178 − 70 = 108
   219 + 76 = 220 + 75 = 295
   109 − 53 = 106 − 50 = 56

Seite 20

3. a) 78 · 9 = 780 − 78 = 702
   37 · 9 = 370 − 37 = 333
   66 · 9 = 660 − 66 = 594
   33 · 9 = 330 − 33 = 297

   b) 72 · 11 = 720 + 72 = 792
   35 · 11 = 350 + 35 = 385
   62 · 11 = 620 + 62 = 682
   27 · 11 = 270 + 27 = 297

4. a) 89 · 6 = 540 − 6 = 534
   59 · 8 = 480 − 8 = 472
   39 · 4 = 160 − 4 = 156
   99 · 7 = 700 − 7 = 693

   b) 91 · 5 = 450 + 5 = 455
   61 · 7 = 420 + 7 = 427
   71 · 8 = 560 + 8 = 568
   41 · 6 = 240 + 6 = 246

Seite 21

1. 24→6→22→44→12→48→24
   36→9→25→50→18→72→36
   44→11→27→54→22→88→44

2. a) 9→36→6→38→10→2→4
   b) 128→110→55→63→7→49→74

3. a) 32, 35, 38, 41, 44
   b) 75, 67, 59, 51, 43
   c) 7, 14, 28, 56, 112
   d) 243, 81, 27, 9, 3

Seite 24

1. 24→9→28→5→12→2→54→6→36→
   →3→56→8→7→32→6→25→9→21→
   →27→5→63→8→18→7

Seite 25

2. a) 48000 + 8000 = 56000
   4200 + 700 = 4900
   33000 + 19000 = 52000
   830 + 80 = 910

   b) 54000 − 26000 = 28000
   6800 − 900 = 5900
   3740 − 80 = 3660
   93000 − 5000 = 88000

3. a) 5700 + 480 = 6000 + 180 =
   = 6180
   7900 + 360 = 8000 + 260 =
   = 8260
   3900 + 590 = 4000 + 490 =
   = 4490
   6800 + 860 = 7000 + 660 =
   = 7660

   b) 9100 − 450 = 9000 − 350 =
   = 8650
   6200 − 380 = 6000 − 180 =
   = 5820
   3500 − 820 = 3000 − 320 =
   = 2680
   4300 − 570 = 4000 − 270 =
   = 3730

4. a)

·	100	30	400	9000
8	800	240	3200	72000
60	6000	1800	24000	540000
12	1200	360	4800	108000
400	40000	12000	160000	3600000

b)

:	3	40	200	600
48000	16000	1200	240	80
2400	800	60	12	4
36000	12000	900	180	60
7200	2400	180	36	12

5. a) 324 · 6 =
   = 1800 + 120 + 24 = 1944
   612 · 8 =
   = 4800 + 80 + 16 = 4896
   443 · 4 =
   = 1600 + 160 + 12 = 1772
   739 · 3 =
   = 2100 + 90 + 27 = 2217

   b) 1536 : 6 = 200 + 50 + 6 = 256
   2475 : 5 = 400 + 90 + 5 = 495
   1467 : 3 = 400 + 80 + 9 = 489
   5496 : 8 = 600 + 80 + 7 = 687

Seite 26

1. a) 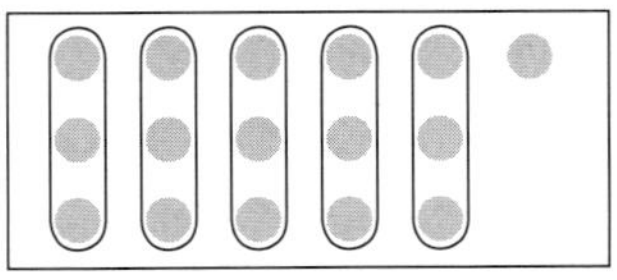

b)

Dreier: 5	Einer: 1

Es ist unwichtig, wie du die Dreierkringel anordnest. Sie können auch so: 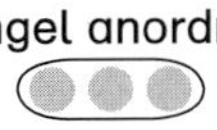 oder so: 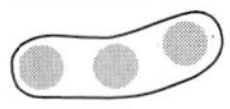

oder anders aussehen.
Entscheidend ist nur, dass stets genau 3 Bälle in einem Dreierkringel liegen und dass der übrig bleibende Ball nicht eingekreist wird.

2.

Neuner: 1	Dreier: 2	Einer: 1

Seite 27

3. a)

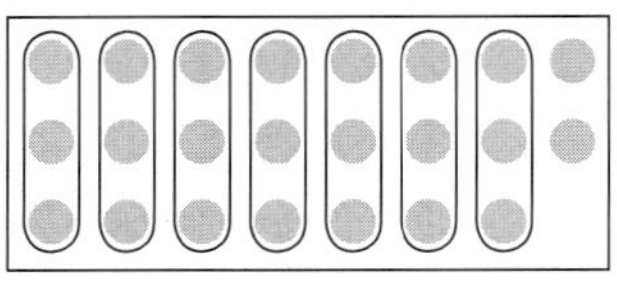

b)

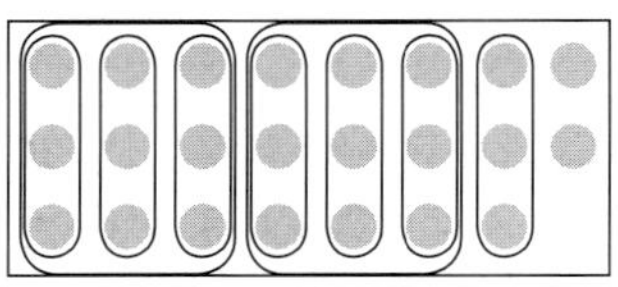

c)

Neuner: 2	Dreier: 1	Einer: 2

4. a)

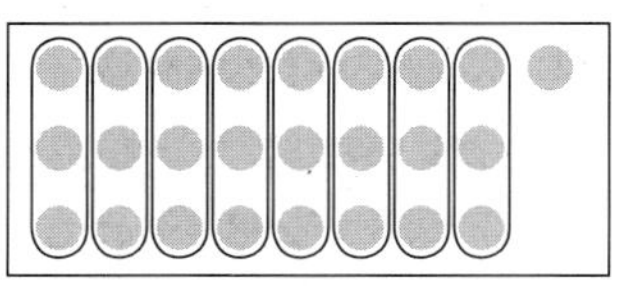

b)

Neuner: 2	Dreier: 2	Einer: 1

5. a)

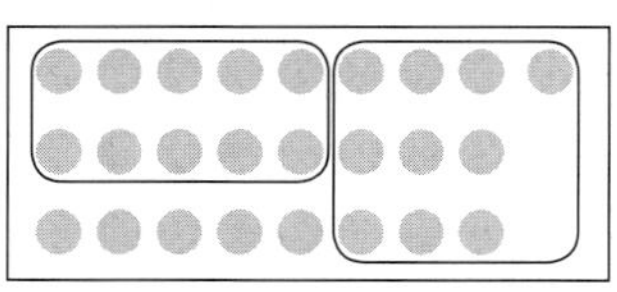

b)

Hunderter (H): 0	Zehner (Z): 2

Einer (E): 5

c) Bei Aufgabe 4 und 5 ist die gleiche Anzahl von Einern (25) vorgegeben. Das Bündelungs-ergebnis hängt von der Art des Bündelns ab:
Bei Aufgabe 4 wurde immer zu Dreiern zusammengefasst, bei Aufgabe 5 zu Zehnern.
Nur wenn zu Zehnern gebündelt wird, erhält man ein Bündelungsergebnis, das mit unserer Zahlenschreibweise übereinstimmt, nämlich 25. Unsere Zahlenschreibweise beruht auf der 10, wir benutzen also das Zehnersystem.

Seite 28

6. a) 2 Neuner + 2 Dreier

b)

Neuner	Dreier	Einer
–	–	25
–	8	1
2	2	1

Du siehst, dass du das umständliche Kringelzeichnen durch Dividieren ersetzen kannst. Die Anzahl der Dreier ermittelst du, indem du die 25 Einer durch 3 dividierst. 25 : 3 = 8 R 1. Der sich ergebende Rest lässt sich nicht weiter bündeln, er kommt in die Spalte der Einer.
Das Bündeln ist aber noch nicht abgeschlossen. Die 8 Dreier kannst du noch zu Neunern zusammenfassen. Dazu teilst du 8 : 3 = 2 R 2. Der entstehende Rest besteht jetzt aus Dreiern. Du trägst die Anzahl der Neuner und Dreier in die nächste Zeile ein. Bei den Einern hat sich nichts geändert, sie werden ebenfalls übertragen. Als Ergebnis ergibt sich wie bei Aufgabe 4: 25 Einer = 2 Neuner + 2 Dreier + 1 Einer

7. 26 Einer : 3 = 8 Dreier + 2 Einer
8 Dreier : 3 = 2 Neuner + 2 Dreier

Neuner	Dreier	Einer
–	–	26
–	8	2
2	2	2

Seite 29

8. a) durch 5

b) 38 Einer : 5 =
= 7 Fünfer + 3 Einer
7 Fünfer : 5 =
= 1 Fünfundzwanziger + 2 Fünfer

Fünfundzwanziger	Fünfer	Einer
–	–	38
–	7	3
1	2	3

9. 57 Einer : 5 =
= 11 Fünfer + 2 Einer
11 Fünfer : 5 =
= 2 Fünfundzwanziger + 1 Fünfer

Fünfundzwanziger	Fünfer	Einer
–	–	57
–	11	2
2	1	2

10. Durch 10 teilen.
57 Einer : 10 =
= 5 Zehner + 7 Einer

H	Z	E
–	–	57
–	5	7

Seite 30

1. 3 Fünfundzwanziger = 3 · 25 = 75
2 Fünfer = 2 · 5 = 10
4 Einer = 4 · 1 = 4
Ergebnis: 75 + 10 + 4 = 89

2. a) 4 Fünfundzwanziger =
= 4 · 25 = 100
1 Fünfer = 1 · 5 = 5
2 Einer = 2 · 1 = 2
Ergebnis: 100 + 5 + 2 = 107

b) 3 · 25 = 75
0 · 5 = 0
4 · 1 = 4
Ergebnis: 75 + 4 = 79

Seite 31

c) 2 · 25 = 50
4 · 5 = 20
0 · 1 = 0
Ergebnis: 50 + 20 = 70

d) 3 · 25 = 75
4 · 5 = 20
2 · 1 = 2
Ergebnis: 75 + 20 + 2 = 97

3. 4 H = 4 · 100 = 400
5 Z = 5 · 10 = 50
6 E = 6 · 1 = 6
Ergebnis: 400 + 50 + 6 = 456

4. a) 4 H = 4 · 100 = 400
2 Z = 2 · 10 = 20
5 E = 5 · 1 = 5
Ergebnis: 400 + 20 + 5 = 425

b) 8 H = 8 · 100 = 800
0 Z = 0 · 10 = 0
2 E = 2 · 1 = 2
Ergebnis: 800 + 2 = 802

c) 3 H = 3 · 100 = 300
2 Z = 2 · 10 = 20
0 E = 0 · 1 = 0
Ergebnis: 300 + 20 = 320

Seite 32

1. a)

■	▲	●
2	0	1

b)

■	▲	●
2	0	2

2. a) 2 · 9 + 1 · 3 + 2 · 1 =
= 18 + 3 + 2 = 23

b) 1 · 9 + 2 · 3 + 2 · 1 =
= 9 + 6 + 2 = 17

Seite 33

3.

1 €	10 ct	1 ct
–	2	4

4. a) 4 · 100 ct = 400 ct
2 · 10 ct = 20 ct
5 · 1 ct = 5 ct
Ergebnis: 400 ct + 20 ct + 5 ct =
= 425 ct

b) 300 ct + 10 ct = 310 ct

c) 200 ct + 9 ct = 209 ct

Seite 35

1.

Neuner	Dreier	Einer
2	1	0

2. 48 : 5 = 9 Rest 3
9 : 5 = 1 Rest 4

Fünfund-zwanziger	Fünfer	Einer
–	–	48
–	9	3
1	4	3

3. a) 3 · 25 + 4 · 5 + 1 =
= 75 + 20 + 1 = 96

b) 6 · 100 + 2 · 10 + 9 · 1 =
= 600 + 20 + 9 = 629

4. a) 2 · 9 + 1 · 3 + 2 · 1 =
= 18 + 3 + 2 = 23

b) 5 · 100 ct + 9 · 10 ct +
+ 2 · 1 ct = 500 ct + 90 ct +
+ 2 ct = 592 ct

Seite 36

1. a)

	T	H	Z	E
	3	7	2	1
+	5	1	4	6
	8	8	6	7

b)

	T	H	Z	E
	2	1	6	5
+	5	7	2	4
	7	8	8	9

Seite 37

2. a)

	T	H	Z	E
	4	2	2	0
+	1	4	2	9
	5	6	4	9

b)

	T	H	Z	E
	3	2	6	5
+	4	6	2	2
	7	8	8	7

c)

	T	H	Z	E
	6	3	4	4
+	2	7	9	6
	1	1	1	
	9	1	4	0

3. a)

	T	H	Z	E
	4	1	2	5
+	2	5	1	6
			1	
	6	6	4	1

b)

	T	H	Z	E
	7	4	8	3
+	1	6	9	5
	1	1		
	9	1	7	8

Seite 38

1. a)
8 2 5 6
+ 3 4 1
8 5 9 7

b)
8 7 6
+ 5 2 4 9
1 1 1
6 1 2 5

c)
1 4 7 3
+ 3 5 2 1
4 9 9 4

d)
7 1 2 0
+ 4 9 5 3
1
1 2 0 7 3

e)
6 7 2 1
+ 9 4 3
1
7 6 6 4

f)
9 3 7
+ 1 7 2 0 2
1
1 8 1 3 9

Seite 39

2. a)
4 7 1 2
+ 8 5 6
+ 2 1 7 3
1 1 1
7 7 4 1

b)
7 0 4
+ 1 2 5 6
+ 2 5 7 9
1 1 1
4 5 3 9

3.
4 2 1 5
+ 3 1 7
+ 4 8
+ 1 0 5 7
1 2
5 6 3 7

4.
3 0 1 9
+ 7 9
+ 1 0 9
+ 1 4 3 2
1 2
4 6 3 9

5.
4 1 2 5
+ 1 7 3
+ 8 9 2
+ 1 7 0 8
1 1 1
6 8 9 8

6. a)
8 2 1
+ 3 7 1 0
+ 2 1 0
+ 1 7 6 5
2 1
6 5 0 6

b)
1 2 5 1
+ 2 8
+ 1 0 8
+ 4 2 0 5
2
5 5 9 2

7. a)
2 4 3 1
+ 1 6 7 9
+ 5 2 0 7
1 1 1
9 3 1 7

7 + 1 = 8
→ 8 + 9 = 17
1 + 7 + 3 = 11
→ 11 + 0 = 11
1 + 2 + 6 = 9
→ 9 + 4 = 13
1 + 5 + 1 + 2 = 9

Du findest die fehlenden Ziffern so durch Ergänzen.

b)
3 4 2 1
+ 9 7 6
+ 5 4 3 2
1 1
9 8 2 9

c)
2 7 8 1
+ 3 8 7 2
+ 1 5 6 7
2 2 1
8 2 2 0

d)
4 3 0 0
+ 2 5 6 1
+ 8 5 2
1 1
7 7 1 3

e)
2 5 6 9
+ 3 5 4
+ 6 2 0 6
1 1 1
9 1 2 9

f)
4 2 1 3
+ 3 2 4 1
+ 2 4 1 3
9 8 6 7

Seite 40

1. a)

	T	H	Z	E
	4	8	9	2
−	2	3	4	1
	2	5	5	1

b)

	T	H	Z	E
	7	5	6	2
−	4	5	2	0
	3	0	4	2

2. a)

	T	H	Z	E
	5	7	2	6
−	2	4	1	5
	3	3	1	1

b)

	T	H	Z	E
	6	0	7	9
−	4	0	1	6
	2	0	6	3

Seite 41

3. a)

	T	H	Z	E
	8	2	1	2
−	1	6	7	5
	1	1	1	
	6	5	3	7

b)

	T	H	Z	E
	4	0	2	1
−	1	4	3	1
	1	1		
	2	5	9	0

4. a)

	T	H	Z	E
	7	6	2	1
−	3	4	5	6
		1	1	
	4	1	6	5

b)

	T	H	Z	E
	8	7	0	0
−	2	4	6	9
		1	1	
	6	2	3	1

Seite 42

1. a)
7 2 3 4
− 4 3 5 6
1 1 1
2 8 7 8

8 1 3 7
− 4 9 5
1 1
7 6 4 2

6 2 7 1
− 1 3 5 0
1
4 9 2 1

b)
2 5 1 4
− 9 4 6
1 1 1
1 5 6 8

3 2 1 4
− 2 9 3 1
1 1
2 8 3

4 9 5 3
− 9 4 8
1
4 0 0 5

c)
2 3 4 1
− 1 2 4 6
1 1
1 0 9 5

7 9 2 1
− 4 3 0 2
1
3 6 1 9

4 0 4 0
− 1 4 9
1 1 1
3 8 9 1

2. a)
7 8 8 5
− 5 7 9 8
1 1
2 0 8 7

b)
4 7 6 3
− 9 8 4
1 1 1
3 7 7 9

c)
5 0 0 7
− 3 2 1 8
1 1 1
1 7 8 9

Alle Lösungen waren falsch.

3. a)
5 8 1 0
− 3 2 4 7
1 1
2 5 6 3

3 + 7 = 10
1 + 6 + 4 = 11
1 + 5 + 2 = 8
2 + 3 = 5

b)
1 8 4 3
− 7 6 8
1 1
1 0 7 5

Seite 43

1. a)
7 2 4 1
− 1 2 3 4
− 8 9 7
1 1 1
5 1 1 0

b)
6 5 2 4
− 2 3 4 1
− 1 4 6 7
1 1 1
2 7 1 6

c)
4 5 0 2
− 8 9 7
− 1 3 7 4
1 2 1
2 2 3 1

d)
8 3 0 0
− 2 5 1 9
− 3 7 6
1 1 2
5 4 0 5

e)
8 8 1 2
− 4 2 9
− 3 5 0 7
1 1 2
4 8 7 6

f)
6 0 0 0
− 4 2 1 3
− 1 6 3 0
1 1 1
1 5 7

2.

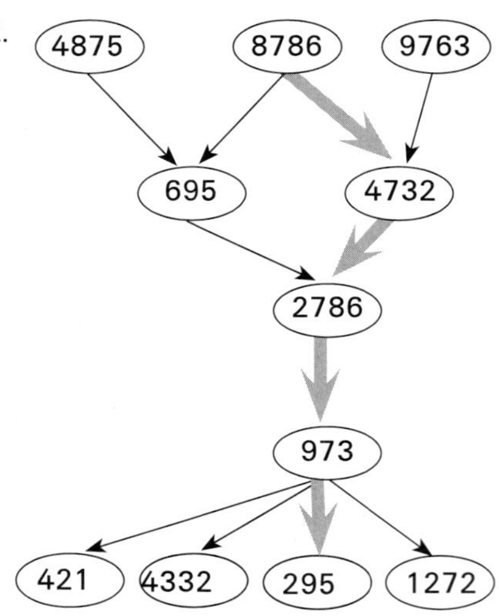

3. a)
```
  3278        5117
+  275      -  275
+ 1564      - 1564
   121         121
  5117        3278
```

b)
```
  5791        1731
- 2822      + 2822
- 1238      + 1238
   1 1         1 1
  1731        5791
```

Seite 44

1. a)
```
  T H Z E
  8 4 8 2
- 4 3 5 1
  4 1 3 1
```

Rechne so:
2 − 1 = 1 → schreibe 1
8 − 5 = 3 → schreibe 3
4 − 3 = 1 → schreibe 1
8 − 4 = 4 → schreibe 4

Sprich so:
2 minus 1 gleich 1
8 minus 5 gleich 3
4 minus 3 gleich 1
8 minus 4 gleich 4

b)
```
  T H Z E
  4 7 8 5
- 2 3 7 5
  2 4 1 0
```

Rechne so:
5 − 5 = 0 → schreibe 0
8 − 7 = 1 → schreibe 1
7 − 3 = 4 → schreibe 4
4 − 2 = 2 → schreibe 2

Sprich so:
5 minus 5 gleich 0
8 minus 7 gleich 1
7 minus 3 gleich 4
4 minus 2 gleich 2

2. a)
```
  T H Z E
  7 6 5 4
- 3 1 4 2
  4 5 1 2
```

b)
```
  T H Z E
  9 7 1 6
- 5 2 1 4
  4 5 0 2
```

c)
```
  T H Z E
  8 7 3 5
-   6 1 2
  8 1 2 3
```

d)
```
  T H Z E
  2 8 7 6
-   7 2 6
  2 1 5 0
```

Seite 45

3. a)
```
  T H Z E
  6 5
  7̸ 6̸ 3 8
- 3 9 8 4
  3 6 5 4
```

Rechne und sprich so:
8 minus 4 gleich 4; 3 minus 8 geht nicht (ich muss wechseln); eins herüber bleibt 5; 13 minus 8 gleich 5; 5 minus 9 geht nicht; eins herüber bleibt 6; 15 minus 9 gleich 6; 6 minus 3 gleich 3

b)
```
  T H Z E
  3 4 2
  4̸ 5̸ 3̸ 2
- 1 6 7 8
  2 8 5 4
```

2 minus 8 geht nicht (ich muss wechseln); eins herüber bleibt 2; 12 minus 8 gleich 4; 2 minus 7 geht nicht (ich muss wechseln); eins herüber bleibt 4; 12 minus 7 gleich 5; 4 minus 6 geht nicht (ich muss wechseln); eins herüber bleibt 3; 14 minus 6 gleich 8; 3 minus 1 gleich 2

4. a)
```
  T H Z E
  3 4
  4̸ 5̸ 6 7
-   9 8 7
  3 5 8 0
```

b)
```
  T H Z E
  5 3
  6̸ 4̸ 8 2
- 3 7 9 1
  2 6 9 1
```

5. a)
```
  T H Z E
    8 9
  5 9̸ 0̸ 3
- 2 7 4 5
  3 1 5 8
```

3 minus 5 geht nicht (ich muss wechseln); eins herüber von 9 Hundertern bleibt 8; eins herüber von zehn Zehnern bleibt 9; 13 minus 5 gleich 8; 9 minus 4 gleich 5; 8 minus 7 gleich 1; 5 minus 2 gleich 3

b)
```
  T H Z E
  6 9
  7̸ 0̸ 4 9
- 5 4 8 1
  1 5 6 8
```

9 minus 1 gleich 8; 4 minus 8 geht nicht (ich muss wechseln); eins herüber von 7 Tausendern bleiben 6; eins herüber von zehn Hundertern bleiben 9; 14 minus 8 gleich 6; 9 minus 4 gleich 5; 6 minus 5 gleich 1

Seite 46

1. a)
```
  6
  7̸543
-  842
  6701
```

b)
```
  2 6 3
  3̸7̸4̸2
- 1956
  1786
```

c)
```
  7
  8̸245
- 3514
  4731
```

d)
```
   6 1
  67̸2̸1
- 6549
   172
```

e)
```
  3 5 1
  4̸6̸2̸5
-  876
  3749
```

f)
```
  4 1 3
  5̸2̸4̸0
- 1765
  3475
```

2. a)
```
  5 4 9
  6̸5̸0̸2
-  785
  5717
```

b)
```
  6 9
  7̸0̸08
- 2561
  4447
```

c)
```
  3 2 9
  4̸3̸0̸5
-  987
  3318
```

3. a
```
  6 3 9
  7̸4̸0̸5        3929
- 3476      + 3476
                111
  3929        7405
```

Rechnung richtig!

b)
```
  7 5 1
  8̸6̸2̸7        7638
-  989      +  989
                111
  7638        8627
```

Rechnung richtig!

4. a)
```
  1031
+ 2094
   1
  3125
```

richtig!

b)
```
  2716
+ 1485
   111
  4201
```

richtig!

c) 1862
+2493
(Übertrag: 1 1)
4355

Stimmt nicht mit der Ausgangszahl der Aufgabe überein, also falsch!

richtig ist:

5345 (Korrektur: 4 2)
− 2493
2852

2852
+ 2493
(Übertrag: 1 1)
5345

5. 8751
− 341
8410

8410 (Korrektur: 7 3 0)
− 2451
5959

5959
− 845
5114

6. 2746
+ 3218
+ 977
(Übertrag: 1 1 2)
6941

9435 (Korrektur: 8 3)
− 6941
2494

Kontrollrechnung:

9435 (Korrektur: 8 3 2)
− 2746
6689

6689
− 3218
3471

3471 (Korrektur: 2 3 6)
− 977
2494

Also Aufgabe richtig gerechnet!

Seite 48

1. b) 2518 · 5 = ?
+ 2000 · 5 = 10000
+ 500 · 5 = 2500
+ 10 · 5 = 50
+ 8 · 5 = 40
2518 · 5 = 12590

c) 1327
+ 1327
+ 1327
+ 1327
5308

d) 2518
+ 2518
+ 2518
+ 2518
+ 2518
12590

2. a) 2345 · 7
16415
Rechne so:
7 · 5 = 35 → 5 hinschreiben, 3 übertragen
7 · 4 + 3 = 31 → 1 hinschreiben, 3 übertragen
7 · 3 + 3 = 24 → 4 hinschreiben, 2 übertragen
7 · 2 + 2 = 16 → 16 hinschreiben

b) 20085 c) 25304

3. a) 25872 b) 28852 c) 24651

Seite 49

4. 1782 · 40 = 1782 · 4 · 10
1. Schritt 1782 · 4
7128
2. Schritt 7128 · 10
71280

5. a) 1782 · 40
71280

b) 3507 · 70
245490

c) 6321 · 50
316050

6. 2456 · 50
122800

2456 · 3
7368

122800
+ 7368
130168

kürzer 2456 · 53
12280
+ 7368
130168

53 kann man in 50 + 3 zerlegen. Daraus leiten sich die beiden Multiplikationsaufgaben 2456 · 50 und 2456 · 3 ab. Beide Aufgaben vereinigt ergeben das Multiplikationsschema für zweistellige Multiplikatoren.

Seite 50

1. a) 4125 · 26
8250
24750
107250

b) 4325 · 17
4325
30275
73525

2. a) 2146 · 23
4292
6438
49358

b) 743 · 86
5944
4458
63898

3. a) 7506 7322 b) 7560 18072 c) 6156 21280

Seite 51

4. a) 55965 b) 159980 c) 8840

d) 186613 343125 e) 430250 165240 f) 20010 28750

5. a) 4025 · 26
80**50**
241**50**
104650

d) 7020 · 74
49140
28080
519480

6. a) 4253 · **15**
4253
21265
63795

b) 21**31** · 35
6393
10655
74585

7.

·	7	28	302
324			97848
209		5852	
630		17640	

Seite 52

1. a) 6152 : 4 =
− 4000 → 1000
2152 +
− 2000 → 500
152 +
− 120 → 30
32 +
− 32 → 8
0 1538

6154 : 4 = 1538

b) T H Z E T H Z E
6 1 5 2 : 4 = 1 5 3 8
4
2 1
2 0
1 5
1 2
3 2
3 2
0

2. a) T H Z E T H Z E
8 5 2 6 : 6 = 1 4 2 1
6
2 5
2 4
1 2
1 2
0 6
6
0

b) T H Z E T H Z E
6 7 8 0 : 4 = 1 6 9 5
4
2 7
2 4
3 8
3 6
2 0
2 0
0

Seite 53

3.
```
THZE      THZE
6349 : 7 = 907
63
 04
  0
 49
 49
  0
```

4. a)
```
4375 : 5 = 875
40
 37
 35
  25
  25
   0
```

b)
```
29133 : 9 = 3237
27
 21
 18
  33
  27
   63
   63
    0
```

c)
```
17488 : 4 = 4372
16
 14
 12
  28
  28
   08
    8
    0
```

d)
```
25362 : 6 = 4227
24
 13
 12
  16
  12
   42
   42
    0
```

e)
```
15342 : 3 = 5114
15
 03
  3
  04
   3
   12
   12
    0
```

f)
```
9816 : 8 = 1227
8
18
16
 21
 16
  56
  56
   0
```

Seite 54

5. a)
```
5250 : 5 = 1050
5
02
 0
 25
 25
  00
   0
   0
```

b)
```
7035 : 7 = 1005
7
00
 0
 03
  0
  35
  35
   0
```

6. a) 1040 b) 1070 c) 1210
1006 1201 1015

7. b)
```
25400 : 4 = 6350
24
 14
 12
  20
  20
   00
    0
    0
```

d)
```
24320 : 8 = 3040
24
 03
  0
  32
  32
   00
    0
    0
```

Seite 55

1. a) $74 : 28 \approx 74 : 30 \approx 2$
Kontrolle: $28 \cdot 2 = 56$,
$74 - 56 = 18$

b) $184 : 28 \approx 184 : 30 \approx 6$
Kontrolle: $28 \cdot 6 = 168$,
$184 - 168 = 16$

Um das Abschätzen zu erleichtern, wird der Teiler (Divisor) gerundet. Jedes geschätzte Ergebnis wird daraufhin kontrolliert, ob sich beim Zurückrechnen ein Rest ergibt, der kleiner als der Teiler ist.

2. a) $115 : 28 \approx 115 : 30 \approx 3$
Kontrolle: $28 \cdot 3 = 84$,
$115 - 84 = 31$
falsch geschätzt, da Rest zu groß
$115 : 28 \approx 115 : 30 \approx 4$
Kontrolle: $28 \cdot 4 = 112$,
$115 - 112 = 3$

b) $168 : 28 \approx 168 : 30 \approx 5$
Kontrolle: $28 \cdot 5 = 140$,
$168 - 140 = 28$
falsch geschätzt, da Rest zu groß
$168 : 28 \approx 168 : 30 \approx 6$
Kontrolle: $28 \cdot 6 = 168$,
$168 - 168 = 0$

3.
a)	b)	c)
$49 \approx 50$	$44 \approx 40$	$35 \approx 40$
$56 \approx 60$	$53 \approx 50$	$62 \approx 60$
$17 \approx 20$	$76 \approx 80$	$64 \approx 60$
$41 \approx 40$	$55 \approx 60$	$74 \approx 70$

Bei den Endziffern 1, 2, 3, 4 wird abgerundet, ab 5 jedoch zum nächstgrößeren Zehner aufgerundet.

Seite 56

4. $315 : 38 \approx 315 : 40 \approx 8$
Kontrolle: $38 \cdot 8 = 304$;
$315 - 304 = 11$
$156 : 24 \approx 156 : 20 \approx 6$
Kontrolle: $24 \cdot 6 = 144$;
$156 - 144 = 12$
$781 : 94 \approx 781 : 90 \approx 8$
Kontrolle: $94 \cdot 8 = 752$;
$781 - 752 = 29$
$372 : 45 \approx 372 : 50 \approx 8$
Kontrolle: $45 \cdot 8 = 360$;
$372 - 360 = 12$
$277 : 51 \approx 277 : 50 \approx 5$
Kontrolle: $51 \cdot 5 = 255$;
$277 - 255 = 22$
$817 : 89 \approx 817 : 90 \approx 9$
Kontrolle: $89 \cdot 9 = 801$;
$817 - 801 = 16$

5. 91448 : 28 = 3266
84
74
56
184
168
168
168
0

6. a) 840 b) 485

7. a) 5432 b) 3456 c) 1691 d) 1833

Seite 57

1. Ergebnis: 37
Eine · 5-Aufgabe kann man
durch eine : 5-Aufgabe prüfen.

2. a) 25152 : 48 b) 524
c) 25152 : 48 = 524 d) ja

3. a) 48216 : 84 b) 573
c) 48216 : 84 = 574 d) nein

4. a) 22085

b) 22085 : 35 = 631
210
108
105
35
35
0

c) ja

Seite 58

5. a) 1732 · 71 = 122972
b) 122972 : 71 = 1732

6. a) 96 · 85 b) 8160
c) 96 · 85 = 8160 d) ja

7. a) 65 · 46 b) 2944
c) 65 · 46 = 2990 d) nein

8. a) 20577 : 19 = 1083
b) 1083 · 19 = 20577
c) ja

Seite 59

1. 442 : 38 = 11 R 24
38
62
38
24

2. a) 7254 : 45 = 161 R 9
b) 6725 : 29 = 231 R 26
c) 84321 : 46 = 1833 R 3
d) 188205 : 25 = 7528 R 5

3. a) 17423 : 32 = 544 R 15
b) 48543 : 57 = 851 R 36
c) 59180 : 35 = 1690 R 30
d) 43056 : 25 = 1722 R 6

Seite 60

4. 485 · 73
3395
1455
35405
\+ 10 Rest
35415

5. 520 · 45
2080
2600
23400
\+ 20 Rest
23420

6. 5624 · 19
5624
50616
106856
\+ 4 Rest
106860

7. 67258 : 33 = 2038 R 4
2038 · 33
6114
6114
67254
\+ 4 Rest
67258

8. 75291 : 61 = 1234 R 17
1234 · 61
7404
1234
75274
\+ 17 Rest
75291

Seite 63

1. 8031; 5029

2. 9364; 3206

3. 7476; 6711

4. 4929; 3694

5. 33872; 21260

6. 16808; 36072

7. 57878; 46545

8. 365; 653

9. 1025; 901

10. 1450 R 3; 1155 R 1

Seite 64

1. Martin: 5 · 50 ct + 2 · 20 ct +
\+ 2 · 10 ct + 1 · 5 ct +
\+ 4 · 2 ct + 3 · 1 ct =
= 326 ct
Lena: 1 · 50 ct + 3 · 20 ct +
\+ 6 · 10 ct + 5 · 5 ct +
\+ 8 · 2 ct + 1 · 1 ct =
= 212 ct
Simon: 4 · 50 ct + 5 · 20 ct +
\+ 2 · 10 ct + 0 · 5 ct +
\+ 1 · 2 ct + 7 · 1 ct =
= 329 ct

2. a)

10 ct	5 ct	2 ct	1 ct
–	16	1	–
–	16	–	2
5	6	1	–
4	7	3	1

b)

20 ct	10 ct	5 ct	2 ct	1 ct
4	–	–	1	–
3	1	2	–	2
3	–	4	1	–
2	3	2	–	2

Übrigens: Es gibt in a) und b) noch viele weitere Möglichkeiten!

Seite 65

3. a)

1 €	10 ct	1 ct
8	80	800
17	170	1700
25	250	2500
31	310	3100

b)

1 ct	10 ct	1 €
1200	120	12
2800	280	28
600	60	6
14500	1450	145

4. Lena: 1000 € + 150 € + 20 € + 40 € + 10 € = 1220 €
Maya: 4000 € + 200 € + 50 € + 30 € + 5 € = 4285 €
Lukas: 1500 € + 800 € + 20 € + 40 € + 30 € = 2390 €

5.

	500 €	**100 €**	**50 €**	**20 €**	**10 €**	**5 €**
1000 €	2 · 500 €	10 · 100 €	20 · 50 €	50 · 20 €	100 · 10 €	200 · 5 €
4000 €	8 · 500 €	40 · 100 €	80 · 50 €	200 · 20 €	400 · 10 €	800 · 5 €
500 €	1 · 500 €	5 · 100 €	10 · 50 €	25 · 20 €	50 · 10 €	100 · 5 €
1500 €	3 · 500 €	15 · 100 €	30 · 50 €	75 · 20 €	150 · 10 €	300 · 5 €

6. a)
800 €
\+ 500 €
\+ 200 €
\+ 150 €
1650 €

Er hat insgesamt 1650 € eingenommen.

b)
150 €
\+ 300 €
\+ 400 €
\+ 1000 €
1850 €

Er gibt 1850 € aus.

c)
4000 €
\+ 1650 €
5650 €

5650 €
− 1850 €
3800 €

Am Abend sind 3800 € in der Kasse.

7. a)
380 €
\+ 120 €
\+ 500 €
\+ 1200 €
2200 €

Es sind 2200 € insgesamt.

b) 2200 € + 2500 € = 4700 €
Das neue Guthaben beträgt 4700 €.

c)
4700 €
− 270 €
− 500 €
− 130 €
− 800 €
3000 €

3000 € bleiben übrig!

Seite 66

1.

Kommaschreibweise
1,37 €
0,21 €
5,03 €
7,40 €

2. a) 2,05 € 8,15 € b) 0,85 € 0,76 € c) 12,03 € 0,28 €

3. a) 145 ct 936 ct b) 307 ct 5 ct c) 1 ct 10 ct

4. a) 8 € 2 ct = 8,02 €
6 € 17 ct = 6,17 €
12 € 30 ct = 12,30 €

b) 0 € 17 ct = 0,17 €
0 € 85 ct = 0,85 €
0 € 5 ct = 0,05 €

5. 14,73 € > 4,73 € >
439 ct > 4,37 € >
1,73 € > 0,43 € >
39 ct > 37 ct

6. a) 3,25 € > 320 ct
118 ct = 1,18 €
b) 0,35 € < 0,53 €
417 ct > 3,17 €
c) 21,85 € > 20,85 €
51 ct = 0,51 €

Seite 67

1. a) 5,40 € 6,00 € b) 7,10 € 8,95 €
c) 9,60 € 7,20 € d) 4,20 € 6,50 €

2. a)
1427ct
\+ 1935ct
\+ 84ct
3446ct
34,46€

45ct
\+ 1127ct
\+ 14525ct
15697ct
156,97€

b)
853127ct
− 65334ct
787793ct
7877,93€

119530ct
− 86745ct
32785ct
327,85€

c) 1248 ct · 37
3744
8736
46176 ct
= 461,76 €

97 ct · 45
388
485
4365 ct
= 43,65 €

d) 21384 ct : 18 = 1188 ct = 11,88 €
18
33
18
158
144
144
144
0

56160 ct : 24 = 2340 ct = 23,40 €
48
81
72
96
96
00
0
0

Seite 68

3. a)
24,56 €
\+ 19,08 €
\+ 5,66 €
49,30 €

425,10 €
\+ 86,45 €
\+ 0,75 €
512,30 €

b)
132,75 €
− 81,54 €
51,21 €

374,38 €
− 147,16 €
− 8,35 €
218,87 €

4. a)
4,15 €
\+ 21,50 €
\+ 9,75 €
35,40 €

Vor dem Sonderangebot müsste sie 35,40 € bezahlen.

b)
3,75 €
\+ 18,90 €
\+ 7,80 €
30,45 €

Beim Sonderangebot müsste sie 30,45 € bezahlen.

c)
35,40 €
− 30,45 €
4,95 €

Sie hat 4,95 € gespart.

5. a)
0,89 €
+ 1,05 €
+ 1,17 €
3,11 €

Im Supermarkt muss ich 3,11 € bezahlen.

b)
0,98 €
+ 0,95 €
+ 1,26 €
3,19 €

Im Kaufhaus kostet es 3,19 €.

c) 3,19 € − 3,11 € = 0,08 €
Im Supermarkt spare ich 0,08 €.

Seite 69

1.

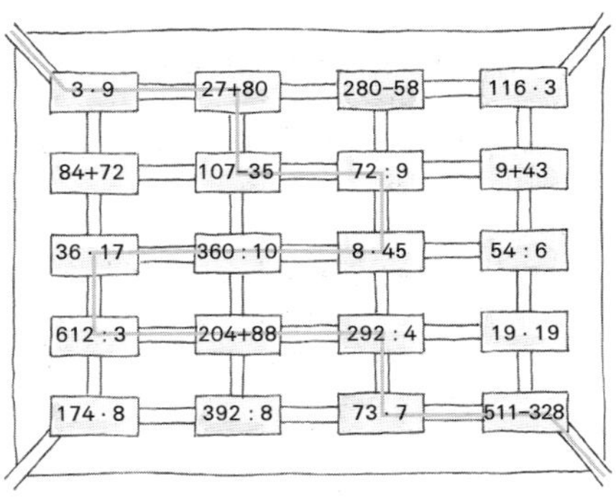

2.

[A]4	1	[B]7		[C]8
[D]3		[E]7	3	6
[F]2	[G]4	6		8
	[H]5	0	[I]7	0

Seite 71

1. a) 3,04 € 0,93 € 8,60 €
b) 30,25 € 0,04 € 16,02 €

2. a) 125 ct 604 ct 1030 ct
b) 50 ct 13307 ct 2 ct

3. a)
285,17 €
+ 41,93 €
+ 2,04 €
329,14 €

b)
1795,13 €
− 622,09 €
− 15,80 €
1157,24 €

c) 38714 ct · 28
77428
309712
1083992 ct
= 10839,92 €

d) 93132 ct : 36 = 2587 ct = 25,87 €
72
211
180
313
288
252
252
0

4. a) 6 · 25 ct + 4 · 125 ct + 275 ct =
= 150 ct + 500 ct + 275 ct =
= 925 ct =
= 9,25 €

Frau Koch muss 9,25 € bezahlen.

b) 50 € − 9,25 € = 40,75 €
Sie bekommt 40,75 € zurück.

Seite 72

1.

	m	cm	Kommazahl
4 m 25 cm	4	25	4,25 m
3 m 78 cm	3	78	3,78 m
35 cm	0	35	0,35 m
12 m 5 cm	12	5	12,05 m
8 cm	0	8	0,08 m

2. a) 317 cm 5 cm 412 cm 817 cm
b) 3201 cm 80 cm 155 cm 1 cm
c) 3580 cm 4600 cm 304 cm 1200 cm

3. a) 0,17 m 8,20 m 0,04 m 32,15 m
b) 5,00 m 3,35 m 0,12 m 0,02 m
c) 81,40 m 90,00 m 4,25 m 0,25 m

Seite 73

4.

	m	dm	cm	Kommazahl
4 m 25 cm	4	2	5	4,25 m
3 m 12 cm	3	1	2	3,12 m
48 cm	0	4	8	0,48 m
7 cm	0	0	7	0,07 m
25 m 40 cm	25	4	0	25,40 m

5. a) 180 dm 90 dm 30 dm
b) 190 cm 50 cm 200 cm
c) 8 m 12 m 25 m

6. a) 4,5 cm 8,2 cm 19,1 cm 0,5 cm
b) 38 mm 129 mm 7 mm 156 mm

Seite 74

7.

	km	m	Kommazahl
4 km 250 m	4	250	4,250 km
3 km 168 m	3	168	3,168 km
525 m	0	525	0,525 km
17 km 800 m	17	800	17,800 km
5 km 60 m	5	60	5,060 km

8. a) 2750 m 8125 m 950 m 50 m
b) 12125 m 28000 m 840 m 7000 m
c) 5 m 80 m 700 m 3000 m

9. a) 1,450 km 7,200 km 8 km 0,500 km
b) 16,250 km 23,500 km 9,300 km 0,800 km
c) 24 km 7,500 km 0,100 km 6,100 km

Seite 75

1. 1,65 m > 1,56 m > 147 cm > 1,45 m > 141 cm

2. a)
25 dm = 250 cm
4,2 cm > 35 mm
8,40 m = 84 dm

b)
6500 m > 0,650 km
4,3 dm < 46 cm
1,800 km = 1800 m

c)
0,37 m > 28 cm
148 cm < 1,49 m
65 dm > 65 cm

3. a)
425 cm
+ 148 cm
+ 46 cm
619 cm
= 6,19 m

7125 m
+ 876 m
+ 521 m
8522 m
= 8,522 km

b)
5405 m
− 3420 m
1985 m
= 1,985 km

484 cm
− 359 cm
125 cm
= 12,5 dm

4. a) 3120 m · 15 = 46800 m
= 46,800 km
3680 cm · 23 = 84640 cm
= 846,40 m
842 m · 17 = 14314 m
= 14,314 km

b) 7254 m : 9 = 806 m
= 0,806 km
3915 cm : 5 = 783 cm
= 7,83 m
19404 m : 12 = 1617 m
= 1,617 km

Seite 76

1. a) 12847 km − 12533 km = 314 km
Am ersten Tag hat er 314 km zurückgelegt.

km täglich
314 km
+ 273 km
+ 756 km
+ 355 km
+ 874 km
2572 km

b) 2572 km ist er in der Woche gefahren.
Du kannst auch so rechnen:
15105 km − 12533 km =
= 2572 km

2. a) 76 km + 76 km + 68 km + 68 km =
= 288 km

Der kürzeste Weg ist A–B–A–C–A.

b) 68 km + 112 km + 112 km +
+ 68 km = 360 km

Der Weg A–C–E–A ist 360 km lang.

c) 76 km + 231 km + 215 km =
= 522 km

Die Strecke A–B–D–A ist 522 km lang.

d) 68 km + 112 km + 126 km +
+ 215 km = 521 km

Die Strecke A–C–E–D–A ist 521 km lang.

e) 288 km
+ 360 km
+ 522 km
+ 521 km
1691 km

Herr Huber ist an den 4 Tagen 1691 km gefahren.

3. a) 45,4 km
+ 36,7 km
+ 68,0 km
+ 59,1 km
+ 40,0 km
+ 35,5 km
284,7 km

Die Gesamtstrecke beträgt 284,7 km.

b) 300,0 km
− 284,7 km
15,3 km

An 300 km fehlen Jürgen noch 15,3 km.

Seite 77

4. a) Die Leiste muss 3,54 m lang sein.
Du bekommst diesen Wert aus folgender Addition:
112 cm
+ 112 cm
+ 65 cm
+ 65 cm
354 cm
= 3,54 m

b) 354 cm · 12 = 4248 cm =
= 42,48 m

Man benötigt 42,48 m Leiste.

5. a) 425 m · 15 = 6375 m =
= 6,375 km

b) 425 m · 18 = 7650 m =
= 7,650 km

c) 10,000 km − 6,375 km =
= 3,625 km
10,000 km − 7,650 km =
= 2,350 km

Martin fehlen noch 3,625 km,
Peter fehlen noch 2,350 km.

6. a)

50 cm	500 m	5 cm
25 cm	250 m	2,5 mm
75 cm	750 m	7,5 dm

b) 1 km + $\frac{1}{2}$ km = 1500 m

1 m + $\frac{1}{2}$ m = 150 cm

2 km + $\frac{1}{4}$ km = 2250 m

2 m + $\frac{1}{4}$ m = 225 cm

3 km + $\frac{3}{4}$ km = 3750 m

3 m + $\frac{3}{4}$ m = 375 cm

c)

$\frac{1}{4}$ m	$\frac{1}{2}$ km	$\frac{1}{2}$ dm
$\frac{1}{2}$ m	$\frac{1}{4}$ km	$\frac{1}{2}$ cm
$\frac{3}{4}$ m	$\frac{3}{4}$ km	$\frac{1}{2}$ m

Seite 78

1. a) Länge des Autos im Bild: 4 cm
Länge des Autos in Wirklichkeit: 4 cm · 10 = 40 cm

Höhe des Autos im Bild: 2 cm
Höhe des Autos in Wirklichkeit:
2 cm · 10 = 20 cm

b) 8 cm · 10 = 80 cm
4,7 cm · 10 = 47 cm
In Wirklichkeit ist der Lkw 80 cm lang und 47 cm hoch.

2. a) Länge des Zimmers: 6 cm · 100 =
= 600 cm = 6 m
Breite des Zimmers: 4,5 cm · 100 =
= 450 cm = 4,5 m

b) Breite der Tür: 0,8 cm · 100 =
= 80 cm = 0,8 m
Breite des Fensters: 2 cm · 100 =
= 200 cm = 2 m

c) Länge: 6 cm · 100 =
= 600 cm = 6 m
Breite: 5 cm · 100 =
= 500 cm = 5 m

Seite 79

3. a) 8100 cm = 81 m
43000 m = 43 km
48000 cm = 480 m
4000 cm = 40 m
19000 m = 19 km
80 mm = 8 cm

b) 36000 m : 1000 = 36 m
7000 m : 100 = 70 m
410 mm : 10 = 41 mm
8000 m : 100 = 80 m
9000 cm : 1000 = 9 cm
70 mm : 10 = 7 mm

c) 49 mm · 100 = 4900 mm =
= 490 cm = 4,9 m
36 dm · 1000 = 36000 dm =
= 3600 m = 3,6 km
7 mm · 100 = 700 mm =
= 70 cm = 0,7 m
32 mm · 10 = 320 mm =
= 32 cm = 0,32 m

Seite 80

3. d) 300 cm : 10 = 30 cm = 0,3 m
1500 m : 1000 =
= 15000 dm : 1000 = 15 dm =
= 1,5 m
3500 mm : 100 = 35 mm =
= 3,5 cm
800 m : 1000 =
= 8000 dm : 1000 = 8 dm =
= 0,8 m

4. a) 800 cm = 8 m
35000 m = 35 km
5000 cm = 50 m
120 mm = 12 cm

b) 4 m
15 cm
28 mm
7 dm = 0,7 m

c) 350 cm = 3,5 m
7 km
820 m = 0,820 km
300 m = 0,3 km

5. Maßstab 1 : 100

Länge im Grundriss	Länge in Wirklichkeit
4,5 cm	4,5 cm · 100 = = 4,50 m
3,8 cm	3,8 cm · 100 = = 3,80 m
0,7 cm	0,7 cm · 100 = = 0,70 m

6. Maßstab 1 : 10

Länge i. d. Abbildung	Länge in Wirklichkeit
3,2 cm	3,2 cm · 10 = = 32 cm
12 cm	12 cm · 10 = = 120 cm = 1,2 m
0,8 cm	0,8 cm · 10 = = 8 cm

7. a) Länge im Maßstab 1 : 100 beträgt 8 cm
Breite im Maßstab 1 : 100 beträgt 5 cm

b) Länge im Maßstab 1 : 10 beträgt 8 m : 10 =
= 8 dm = 80 cm

Breite im Maßstab 1 : 10 beträgt 5 m : 10 =
= 5 dm = 50 cm

Seite 81

8. Maßstab 1 : 100

Länge in Wirklichkeit	Länge im Grundriss
12 m	12 m : 100 = = 12 cm
15,5 m	15,5 m : 100 = = 15,5 cm
31,2 m	31,2 m : 100 = = 31,2 cm

9. Maßstab 1 : 10

Länge in Wirklichkeit	Länge im Grundriss
35 cm	35 cm : 10 = = 3,5 cm = 35 mm
12 cm	12 cm : 10 = = 1,2 cm = 12 mm
9 cm	9 cm : 10 = = 0,9 cm = 9 mm

10. a) Bilderrahmen:

Länge in Wirklichkeit	Länge in der Abbildung
50 cm	5 cm
30 cm	3 cm

Hier wurde der Maßstab 1:10 verwendet.

b) Radiergummi:

Länge in Wirklichkeit	Länge in der Abbildung
6 cm	3 cm
2 cm	1 cm

Hier wurde der Maßstab 1:2 verwendet.

c) Bleistift:

Länge in Wirklichkeit	Länge in der Abbildung
20 cm	4 cm

Hier wurde der Maßstab 1:5 verwendet.

Seite 82

1.
2 | 5 | 10 | 8
10 | 50 | 80
500 | 4000
2000000

3 | 10 | 4 | 5
30 | 40 | 20
1200 | 800
960000

5 | 2 | 3 | 10
10 | 6 | 30
60 | 180
10800

2.

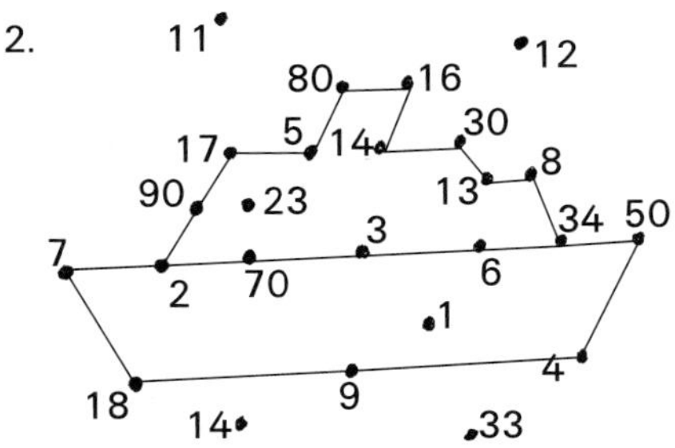

3.

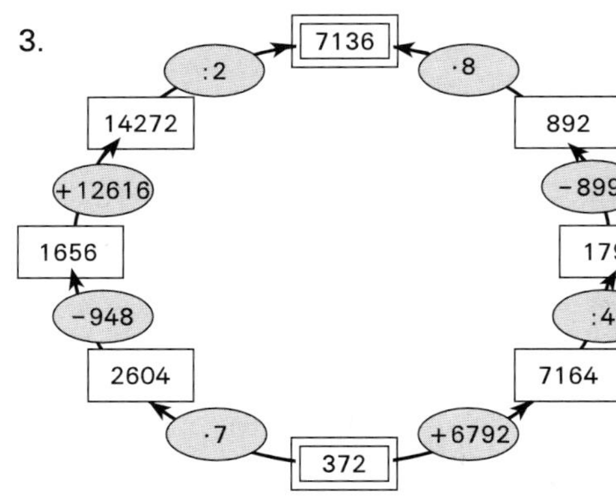

Seite 85

1. a) 417 cm b) 47 mm c) 48788 m
7 cm 603 mm 10950 m
503 cm 2 mm 83 m

2. a) 7,28 m b) 4,7 cm c) 2,178 km
0,16 m 14,6 cm 0,481 km
13,80 m 0,5 cm 87,024 km

3. a) 3750 m oder 37500 dm
\+ 812 m + 8120 dm
\+ 2 m + 20 dm
4564 m 45640 dm
= 4,564 km = 4,564 km

b) 63970 mm
− 230 mm
− 527 mm
63213 mm
= 6321,3 cm

c) 389570 m · 8 = 3116560 m
= 3116,56 km

d) 5616 cm : 6 = 936 cm
= 9,36 m

4. a)

Länge in der Abbildung	Länge in Wirklichkeit
3,7 cm	3,70 m
10,8 cm	10,80 m
0,4 cm	0,40 m

b)

Länge in Wirklichkeit	Länge in der Abbildung
28 m	28 cm
12,4 m	12,4 cm
8 m	8 cm

Seite 86

Beim Umwandeln von Zeitmaßen musst du besonders aufpassen. Hier muss man mit 60 multiplizieren oder durch 60 dividieren.

1. a)

Sekunden
180 s
300 s
600 s
480 s
720 s

b)

Sekunden
60 s
30 s
15 s
45 s
90 s

c)

Minuten
4 min
2 min
8 min
10 min
20 min

d) Diese Umrechnungen sind etwas schwierig, weil jeweils 2 Zeiteinheiten auftauchen. Die Umwandlung von 100 s in Minuten und Sekunden solltest du so ausführen:
100 Sekunden : 60 =
= 1 Minute + 40 Sekunden als Rest, also 100 s = 1 min 40 s

100 s = 1 min 40 s
150 s = 2 min 30 s
210 s = 3 min 30 s
240 s = 4 min
250 s = 4 min 10 s

e) 2 min 10 s kannst du so in Sekunden umwandeln:
2 min = 2 · 60 s = 120 s
2 min 10 s = 120 s + 10 s =
= 130 s

2 min 10 s = 130 s
3 min 20 s = 200 s
5 min 8 s = 308 s
4 min 25 s = 265 s
6 min 12 s = 372 s

2. a)

Minuten
240 min
180 min
600 min
480 min
720 min

b)

Minuten
60 min
30 min
15 min
45 min
90 min

c)

Stunden
3 h
4 h
8 h
10 h
20 h

Seite 87

2. d) 80 min = 1 h 20 min
150 min = 2 h 30 min
200 min = 3 h 20 min
310 min = 5 h 10 min
100 min = 1 h 40 min

2. e) 2 h 30 min = 150 min
4 h 10 min = 250 min
1 h 50 min = 110 min
5 h 5 min = 305 min
7 h 15 min = 435 min

3. Auch beim Rechnen mit Zeitspannen muss man erst alle Maße in die gleiche Einheit umwandeln. Beim Addieren ist es häufig einfacher, die Einheiten getrennt zu addieren und hinterher umzuwandeln.

Beispiel: <u>3 min</u> 16 s + <u>4 min</u> 50 s =
= <u>7 min</u> + 66 s = 8 min 6 s
Dieses Vorgehen ist aber nur bei Additionen sinnvoll. Bei Subtraktionen verrechnet man sich zu leicht. Dort solltest du immer <u>vor</u> der Rechnung umwandeln.

a) 95 s = 1 min 35 s
104 s = 1 min 44 s
75 s + 50 s = 125 s =
= 2 min 5 s
180 s = 3 min
85 s = 1 min 25 s

b) 85 min = 1 h 25 min
70 min = 1 h 10 min
152 min + 50 min =
= 202 min = 3 h 22 min
225 min = 3 h 45 min
125 min = 2 h 5 min

c) 80 s − 35 s = 45 s
85 s = 1 min 25 s
155 s = 2 min 35 s
95 s = 1 min 35 s
110 s = 1 min 50 s

d) 130 min − 50 min = 80 min =
= 1 h 20 min
45 min
105 min = 1 h 45 min
50 min
100 min = 1 h 40 min

4. a) 160 s · 3 = 480 s = 8 min
300 s = 5 min
390 s = 6 min 30 s
500 s = 8 min 20 s
410 s = 6 min 50 s

b) 105 min · 4 = 420 min = 7 h
850 min = 14 h 10 min
800 min = 13 h 20 min
255 min = 4 h 15 min
500 min = 8 h 20 min

c) 160 s : 4 = 40 s
14 s
55 s
100 s = 1 min 40 s
50 s

d) 90 min : 5 = 18 min
35 min
55 min
125 min = 2 h 5 min
21 min

Seite 88

Beachte, dass eine Stunde 60 Minuten hat. Du musst deshalb zunächst auf 60 Minuten ergänzen.
Beispiel: 8.15 Uhr → 9.35 Uhr
Rechne so: 60 min − 15 min =
= 45 min
45 min + 35 min = 80 min =
= 1 h 20 min
oder so: 8.15 Uhr → 9.15 Uhr

1 h

9.15 Uhr → 9.35 Uhr

20 min

also: 1 h 20 min

1. a) 15 min
1 h 35 min
2 h 5 min

b) 1 h 10 min
20 min
1 h 5 min

2. Wochenvorschau: 30 min
Weltumsegelung: 45 min
Septimus Siebensohn: 30 min
Poga 1104: 45 min

Seite 89

1. 7.45 Uhr → 8.30 Uhr → 8.35 Uhr → 9.20 Uhr → 9.40 Uhr → 10.25 Uhr

2. 8.45 Uhr → 9.05 Uhr → 9.35 Uhr → 10.35 Uhr → 11.45 Uhr → 12.30 Uhr

3. Fahrzeiten:
   D 798: 1 h 17 min = 77 min
   D 516: 1 h 16 min = 76 min
   D 714: 1 h 12 min = 72 min
   D 614: 1 h 16 min = 76 min
   D 512: 1 h 17 min = 77 min

Seite 90

1. a) Januar: 31 Tage
   Februar: 28 Tage
   (im Schaltjahr 29 Tage)
   März: 31 Tage
   April: 30 Tage

   Du kennst bestimmt die „Handknöchel-Regel". Mit ihr kann man sich die Anzahl der Tage der einzelnen Monate merken. Jedem „Höcker" entspricht ein Monat mit 31 Tagen, jedem „Tal" ein Monat mit 30 Tagen (ausgenommen der Februar).

   b) Du erkennst ein Schaltjahr an der Jahreszahl. Ist die Jahreszahl eine durch 4 teilbare Zahl, so ist es ein Schaltjahr.

   Beispiel:
   2004 : 4 = ja → Schaltjahr
   2000 : 4 = ja → Schaltjahr
   1998 : 4 ist nicht restlos teilbar → → kein Schaltjahr
   1999 → kein Schaltjahr

   c)

Jan.	Feb.	Mär.	Apr.
31	28	31	30

Mai	Jun.	Jul.	Aug.
31	30	31	31

Sep.	Okt.	Nov	Dez.
30	31	30	31

2. Bedenke, hier musst du mit 24 multiplizieren bzw. durch 24 dividieren.

   a)

Stunden
72 h
120 h
48 h
168 h
240 h

   b)

Stunden
24 h
12 h
6 h
18 h
36 h

   c)

Tage
2 Tg.
10 Tg.
5 Tg.
3 Tg.
6 Tg.

   d) Diese Umwandlungen sind schwieriger, da du 2 Zeiteinheiten berücksichtigen musst.
   2 Tg. 5 h kannst du so in Stunden umwandeln:
   2 Tg. = 2 · 24 h = 48 h
   2 Tg. 5 h = 48 h + 5 h = 53 h

   53 h; 248 h; 82 h; 140 h

   e) Führe die Umwandlung von 38 Stunden in Tage und Stunden so aus: 38 h : 24 = 1 Tg. + 14 h als Rest, d. h. 38 h = 1 Tg. 14 h

   1 Tg. 14 h; 1 Tg. 6 h; 2 Tg. 2 h; 3 Tg. 8 h

Seite 91

3. Jetzt muss man mit 7 multiplizieren oder durch 7 dividieren.

   a)

Tage
21 Tg.
49 Tg.
70 Tg.
84 Tg.

   b)

Wochen
7 Wch.
9 Wch.
10 Wch.
20 Wch.

   c) 26 Tg. ← 3 Wch. 5 Tg. =
   = 3 · 7 Tg. + 5 Tg. = 26 Tg.
   50 Tg.
   74 Tg.
   87 Tg.

   d) 2 Wch. 5 Tg. ← 19 Tg. : 7 =
   = 2 Wch. + 5 Tg. Rest, also
   2 Wch. 5 Tg.
   3 Wch. 4 Tg.
   4 Wch. 2 Tg.
   8 Wch. 6 Tg.

4. Beachte, 1 Jahr hat 12 Monate. Multipliziere mit 12 bzw. dividiere durch 12.

   a)

Monate	
60 Mon.	
120 Mon.	
36 Mon.	
6 Mon.	← 12 Mon. : 2
3 Mon.	← 12 Mon. : 4

   b)

Jahre
2 J.
5 J.
4 J.
3 J.
10 J.

4. c) 44 Mon. ← 3 J. 8 Mon. =
   = 3 · 12 Mon. + 8 Mon. = 44 Mon.
   70 Mon.
   23 Mon.
   55 Mon.

   d) 3 J. 9 Mon. ← 45 Mon. : 12 =
   = 3 J. + 9 Mon. Rest,
   also 3 J. 9 Mon.
   5 J. 4 Mon.
   5 J. 10 Mon.
   6 J. 8 Mon.

5. a) 3 Wch. 2 Tg. + 5 Wch. 5 Tg. =
   = 23 Tg. + 40 Tg. = 63 Tg. =
   = 9 Wch.
   51 Tg. = 7 Wch. 2 Tg.
   64 Tg. = 9 Wch. 1 Tg.
   72 Tg. = 10 Wch. 2 Tg.

   Du kannst aber auch so rechnen:
   3 Wch. 2 Tg. + 5 Wch. 5 Tg. =
   = 8 Wch. 7 Tg. = 9 Wch.

   b) 51 Tg. − 26 Tg. = 25 Tg. =
   = 3 Wch. 4 Tg.
   27 Tg. = 3 Wch. 6 Tg.
   33 Tg. = 4 Wch. 5 Tg.
   13 Tg. = 1 Wch. 6 Tg.

Seite 92

1. a) 2 Wch. 3 Tg. + 2 Wch. 6 Tg. =
   = 5 Wch. 2 Tg.
   Die Ferien dauern 5 Wochen und 2 Tage.

   b) 6 Wch. 2 Tg. = 44 Tg.
   Jürgen hat 44 Tage Ferien.

   44 Tg.
   − 10 Tg. Radtour
   − 20 Tg. Ferien mit den Eltern
   14 Tg. Rest

   Für Jürgen bleiben 14 Tage Ferien übrig.

c) 6 Wch. = 42 Tg.

42 Tg.
− 15 Tg. Winterurlaub
− 8 Tg. Sachsen
− 19 Tg. Sommerurlaub
0 Tg.

Herr Müller behält keinen Urlaub übrig.

2. a) 18 Tage b) 18 Tage
18 Tage 7 Tage
12 Tage 17 Tage

3. a) 31 − 15 = 16;
also 16 Tage im Mai
16 Tg. + 6 Tg. = 22 Tg.
12 Tg. + 12 Tg. = 24 Tg.
27 Tg. + 20 Tg. = 47 Tg.

b) 27 Tg. + 20 Tg. = 47 Tg.
15 Tg. + 19 Tg. = 34 Tg.
7 Tg. + 14 Tg. = 21 Tg.

4. a) 14 − 7 = 7
Tina ist 7 Tage weg.

b) 7 + 10 = 17
Sie wäre am 17. Mai zurückgekommen.

Seite 95

1. a) 100 s b) 190 min
125 s 312 min

c) 3 min 20 s d) 4 h 10 min
7 min 30 s 6 h 10 min

e) 72 h f) 2 Tg.
120 h $\frac{1}{2}$ Tg.

2. a) 61 Tg. b) 36 Mon.
90 Tg. 34 Mon.
6 Wch. 6 Tg. 1 J. 1 Mon.
14 Wch. 2 Tg. 2 J. 6 Mon.

3. a) 480 s = 8 min
7 Wch. 5 Tg.
203 s = 3 min 23 s
25 Mon. = 2 J. 1 Mon.

b) 144 s = 2 min 24 s
6 Mon. = $\frac{1}{2}$ J.
90 min = 1 h 30 min
47 Tg. = 6 Wch. 5 Tg.

4. Es ist dann 19.13 Uhr.

5. a) 26 Tg.
11 Tg. + 31 Tg. + 4 Tg. =
= 46 Tg.

b) 26 Tg. + 30 Tg. + 6 Tg. =
= 62 Tg.
11 Tg. + 30 Tg. + 10 Tg. =
= 51 Tg.

Seite 96

1.

kg	g	Kommaschreibw.
5	450	5,450 kg
8	165	8,165 kg
12	50	12,050 kg
2	5	2,005 kg

2. a) 3 kg 700 g = 3,700 kg
6 kg 505 g = 6,505 kg
12 kg 50 g = 12,050 kg

b) 750 g
2 kg 80 g = 2080 g
90 g

3. a) 1,200 kg b) 4,005 kg
0,050 kg 15,040 kg
4,500 kg 9 kg
0,700 kg

c) 15 kg
1,500 kg
0,150 kg
0,015 kg

4. a) 250 g b) 2500 g
750 g 1250 g
1500 g 2750 g
3500 g

c) $\frac{1}{2}$ kg $\frac{3}{4}$ kg $1\frac{1}{4}$ kg

Seite 97

5.

t	kg	Kommaschreibw.
12	500	12,500 t
8	650	8,650 t
	950	0,950 t
7	80	7,080 t
3	5	3,005 t

6. a) 9 t 250 kg = 9,250 t
580 kg = 0,580 t
12 t 350 kg = 12,350 t

b) 7 t 235 kg = 7235 kg
580 kg
58 kg

7. a) 2,500 t b) 5,080 t c) 42 t
25,600 t 12 t 5,600 t
8 t 0,900 t 0,070 t
0,080 t 0,005 t

8. a) 2,700 t b) 0,100 t c) 0,600 t
81,500 t 3,500 t 7,200 t
12,300 t 1,800 t

Seite 98

1. 5,400 t > 0,540 t > 54 kg >
> 5400 g > 0,540 kg
Solltest du Schwierigkeiten beim direkten Größenvergleich haben, so verwandle alle Größen in dieselbe Einheit (kg).
5400 kg > 540 kg > 54 kg >
> 5,4 kg > 0,54 kg

2. a) 32 kg = 32000 g
1,8 kg < 18000 g
0,350 kg < 3500 g

b) 1,250 t > 125 kg
0,540 t > 54 kg
4,125 t = 4125 kg

c) 250 kg = $\frac{1}{4}$ t
3500 kg = 3,5 t
17000 kg > 1,7 t

3. a) 85 kg
+ 3712 kg
+ 654 kg
4451 kg = 4,451 t

3875 g
+ 560 g
+ 125 g
4560 g = 4,560 kg

b) 9651 kg
− 873 kg
8778 kg = 8,778 t

26080 kg
− 19503 kg
6577 kg = 6,577 t

4. a) 12500 kg · 18
12500
100000
225000 kg = 225 t

b) 8720 g · 15
8720
43600
130800 g = 130,800 kg

c) 871 g · 21
1742
871
18291 g = 18,291 kg

d) 30375 g : 15 = 2025 g
30 = 2,025 kg
037
30
75
75
0

e) 3455 g : 5 = 691 g
30 = 0,691 kg
45
45
05
5
0

f) 7440 kg : 6 = 1240 kg
6 = 1,240 t
14
12
24
24
00
0
0

Seite 99

1. a) 250 g + 125 g + $\frac{1}{2}$ kg +
+ 135 g = 1010 g = 1,010 kg
Das Päckchen wiegt 1 kg 10 g.

b) 2000 g − 1010 g = 990 g
Es könnten noch 990 g zugepackt werden.

2. a) 375 g + 1,280 kg + 425 g +
+ 0,820 kg = 2900 g = 2,900 kg
Martin muss 2,9 kg tragen.

b) 0,280 kg + 425 g + 0,820 kg =
= 1525 g = 1,525 kg oder
2,900 kg − 375 g − 1000 g =
= 1,525 kg
Der Rucksack wiegt jetzt 1,525 kg.

3. a) 81,750 kg
+ 65,800 kg
+ 925,000 kg
+ 77,000 kg
1149,550 kg
Die Kisten wiegen insgesamt 1149,550 kg.

b) 1500,000 kg
− 1149,550 kg
350,450 kg
Es können noch 350,450 kg zugeladen werden.

4. a) 180 g · 12 = 2160 g =
= 2,160 kg
Die Päckchen wiegen insgesamt 2,160 kg.

b) 7,350 kg : 15
7350 g : 15 = 490 g
1 Päckchen wiegt 490 g.

c) 490 g · 12 = 5880 g = 5,880 kg
12 Päckchen wiegen 5,880 kg.

5. a) 8 · 1,280 kg = 10,240 kg
8 · 850 g = 6,800 kg
15 · 1,280 kg = 19,200 kg
15 · 850 g = 12,750 kg

b) 7 · 1,280 kg + 17 · 850 g =
= 8,960 kg + 14,450 kg =
= 23,410 kg
Das Gesamtgewicht beträgt 23,410 kg.

c) 6 · 1,280 kg + 11 · 850 g =
= 17,030 kg

Seite 100

1. a) 12000 ml b) 10 l c) 250 ml
20000 ml 2 l 750 ml
3000 ml 25 l 1500 ml

d)

l	ml	Kommaschreibw.
5	300	5,300 l
8	250	8,250 l
	250	0,250 l
1	500	1,500 l
	800	0,800 l

2. a) 0,100 l b) 250 ml = 0,250 l
36,200 l 750 ml = 0,750 l
3,500 l 1250 ml = 1,250 l

3. a) 1250 ml + 1500 ml + 700 ml =
= 3450 ml = 3,450 l
Das sind 3,450 l.

b) 5000 ml − 3450 ml = 1550 ml =
= 1,550 l
Es bleiben 1,55 l im Kanister.

Seite 103

1. a) 3,400 kg b) 4,670 t c) 500 g
0,200 kg 0,381 t $\frac{1}{4}$ kg
50,080 kg 0,087 t 750 kg

d) 780 g e) 3980 kg
7150 g 41 kg
23004 g 32130 kg

2. a) 3000 ml b) 4 l c) 8250 ml
12000 ml 15 l 250 ml
500 ml 2 l 3500 ml

3. a) 3421 kg
+ 748 kg
+ 300 kg
4469 kg = 4,469 t

b) 6427 kg = 6,427 t
c) 22710 kg = 22,710 t
d) 589 g = 0,589 kg

4. 3,5 kg + 250 g + $\frac{1}{2}$ kg +
+ 2 · 1000 g + 750 g + 0,5 kg

3500 g + 250 g + 500 g +
+ 2000 g + 750 g + 500 g =
= 7500 g = 7,5 kg
Henning muss 7,5 kg tragen.

Seite 104

1. a) nein; ja; ja; ja
b) ja; ja; nein; nein

2. a) ja; nein; ja; nein
b) ja; ja; ja; nein

Seite 105

1. Teiler von 12: 1, 2, 3, 4, 6, 12
Teiler von 15: 1, 3, 5, 15
Teiler von 18: 1, 2, 3, 6, 9, 18
Teiler von 20: 1, 2, 4, 5, 10, 20
Teiler von 21: 1, 3, 7, 21
Teiler von 25: 1, 5, 25
Teiler von 30: 1, 2, 3, 5, 6, 10, 15, 30

2. Teiler von 16: 1, 2, 4, 8, 16
Teiler von 17: 1, 17
Teiler von 18: 1, 2, 3, 6, 9, 18
Teiler von 19: 1, 19
Teiler von 20: 1, 2, 4, 5, 10, 20
Teiler von 21: 1, 3, 7, 21
Primzahlen: 17, 19

Seite 106

3. Vielfache von 12:
12, 24, 36, 48, 60, 72, 84
Vielfache von 7: 7, 14, 21, 28, 35, 42, 49, 56, 63
Vielfache von 13: 13, 26, 39, 52, 65, 78, 91, 104, 117
Vielfache von 20: 20, 40, 60, 80, 100, 120, 140, 160, 180
Vielfache von 11: 11, 22, 33, 44, 55, 66, 77, 88, 99
Vielfache von 17: 17, 34, 51, 68, 85, 102, 119, 136, 153
Vielfache von 25: 25, 50, 75, 100, 125, 150, 175, 200, 225

4.

36	63	128	219	56	100	252	207	144	57	71	212	78	94
3	96	13	41	427	113	77	114	126	39	111	154	121	62
25	48	122	75	105	42	180	83	245	91	19	52	84	54

Lösungswort: T O L L

Seite 107

1. 8 > 5; 8 > 4; 5 > 4

2. 2 < 3; 2 < 4; 2 < 5; 3 < 4;
3 < 5; 4 < 5

3.
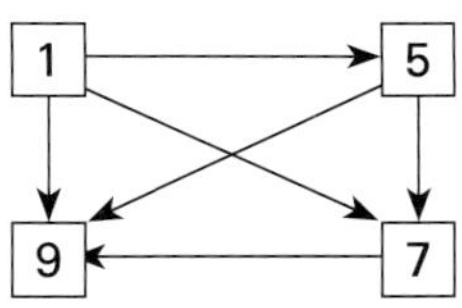

Seite 108

1. 2 ist Teiler von 2
2 ist Teiler von 6
3 ist Teiler von 6
6 ist Teiler von 6
3 ist Teiler von 3

2. 2 ist Teiler von 2
2 ist Teiler von 4
2 ist Teiler von 6
4 ist Teiler von 4
5 ist Teiler von 5
6 ist Teiler von 6

3. a)
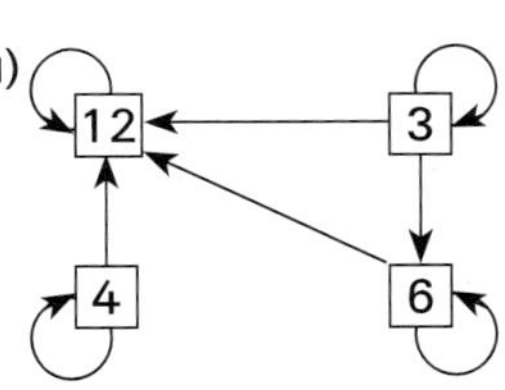

b)
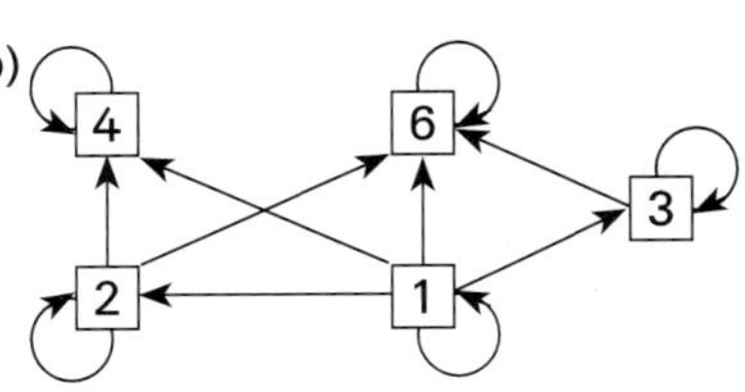

Seite 109

4. 3 ist Vielfaches von 3
2 ist Vielfaches von 2
6 ist Vielfaches von 6
6 ist Vielfaches von 2
6 ist Vielfaches von 3

5. 3 ist Vielfaches von 3
5 ist Vielfaches von 5
6 ist Vielfaches von 6
9 ist Vielfaches von 9
6 ist Vielfaches von 3
9 ist Vielfaches von 3

Achte auf die unterschiedliche Bedeutung der Pfeile!

6. a)
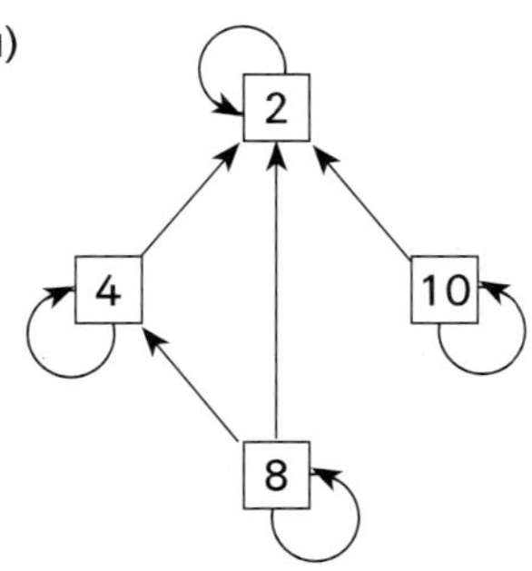

b)
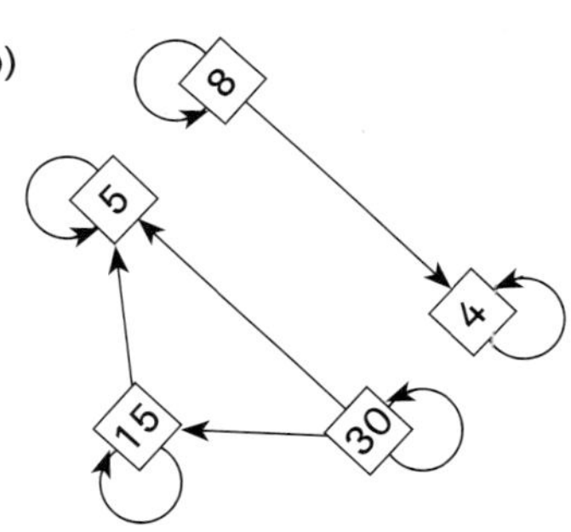

Seite 111

1. ja; ja; nein; ja;

2. ja; ja; nein; ja;

3. Teiler von 21: 1, 3, 7, 21
Teiler von 36: 1, 2, 3, 4, 6, 9, 12, 18, 36

4. Vielfache von 14: 14, 28, 42, 56, 70, 84
Vielfache von 60: 60, 120, 180, 240, 300, 360

5. 37 ist eine Primzahl.

6. a)
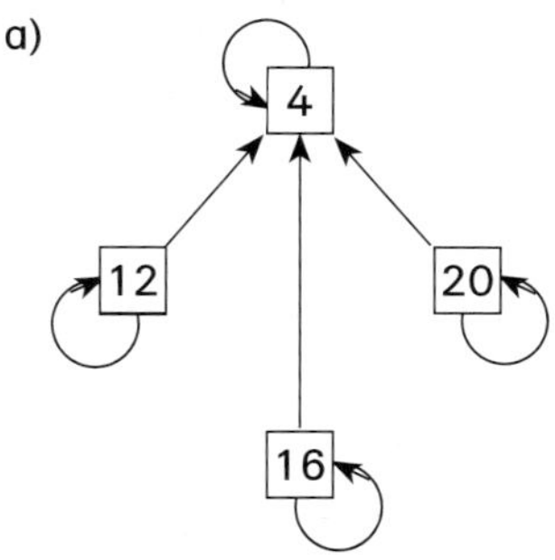

b)
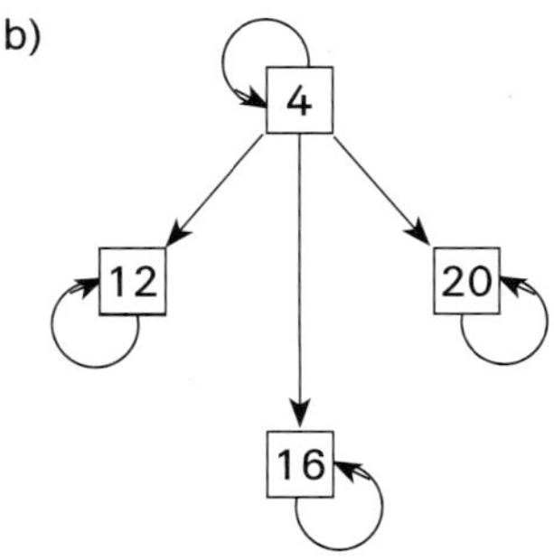

Seite 113

1. a) 550 ct · 15 = 8250 ct = 82,50 €
450 ct · 21 = 9450 ct = 94,50 €
325 ct · 30 = 9750 ct = 97,50 €

b) 82,50 €
\+ 94,50 €
\+ 97,50 €
274,50 €

15	5,50 €	21	4,50 €	30	3,25 €
82,50 €		94,50 €		97,50 €	
274,50 €					

2. 5000 g · 25 = 125000 g
3500 g · 2 = 42000 g
1750 g · 9 = 15750 g
1250 g · 15 = 18750 g

125,000 kg
\+ 42,000 kg
\+ 15,750 kg
\+ 18,750 kg
201,500 kg

25	5 kg	12	3,500 kg	9	1,750 kg	15	1,250 kg
125 kg		42 kg		15,750 kg		18,750 kg	
201,500 kg							

3. a) 550 ct · 5 = 2750 ct =
= 27,50 €
375 ct · 6 = 2250 ct =
= 22,50 €
27,50 € + 22,50 € =
= 50,00 €
Der Gesamtpreis für die ersten beiden Sorten beträgt 50,00 €.

b) 59,20 € − 50,00 € = 9,20 €
Für die 3. Sorte hat er 9,20 € ausgegeben.

c) 920 ct : 4 = 230 ct = 2,30 €
Eine Flasche der 3. Sorte kostet 2,30 €.

5	5,50 €	6	3,75 €	4	2,30 €
27,50 €		22,50 €		9,20 €	
59,20 €					

4. a)

3	2,60 €	2	2,60 €	4	3,20 €
7,80 €		5,20 €		12,80 €	
25,80 €					

780 ct : 3 = 260 ct = **2,60 €**
2 · 2,60 € = 5,20 €
1280 ct : 4 = 320 ct = **3,20 €**
7,80 € + 5,20 € + 12,80 € =
= **25,80 €**

b)

2	5,90 €	3	1,30 €	5	2,70 €
11,80 €		3,90 €		13,50 €	
29,20 €					

1180 ct : 2 = 590 ct = **5,90 €**
3 · 1,30 € = 3,90 €
29,20 € − 11,80 € − 3,90 € =
= **13,50 €**
1350 ct : 5 = 270 ct = **2,70 €**

Seite 114

1.
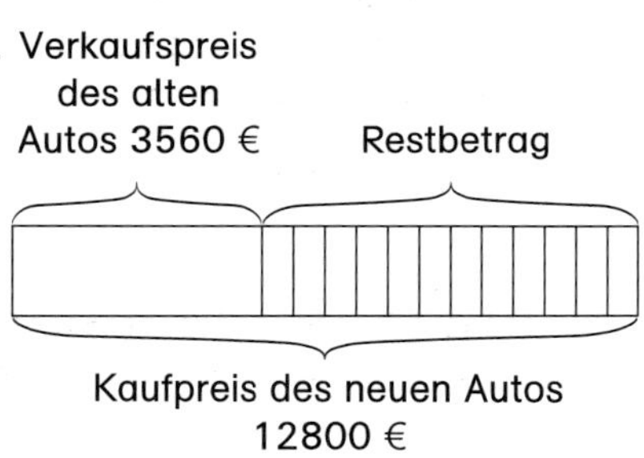

Restbetrag:
12800 € − 3560 € = 9240 €
Er muss noch 9240 € bezahlen.

Monatsrate:
9240 € : 12 = 770 €
Herr Huber muss jeden Monat 770 € bezahlen.

2.
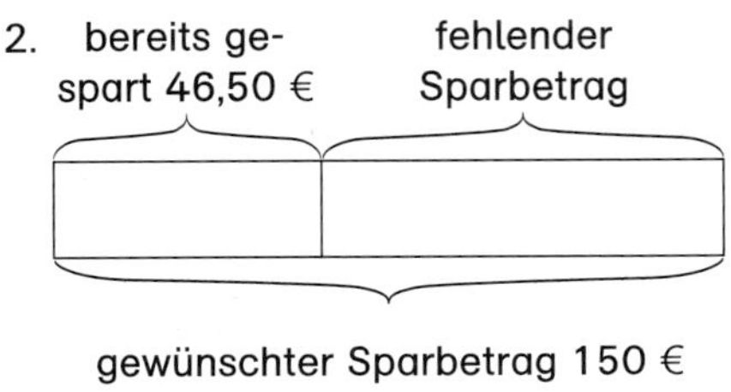

1. Schritt: fehlender Sparbetrag:
150,00 €
− 46,50 €
103,50 €

2. Schritt: Sparbetrag pro Woche:
10350 ct : 23 = 450 ct = 4,50 €
Tina müsste jede Woche 4,50 € sparen.

Seite 115

3. a) 1 h 20 min = 80 min
Der Zug fährt 80 min.

b) 93600 m : 80 = 1170 m =
= 1,170 km
Er legt durchschnittlich 1,170 km in der Minute zurück.

c) 1170 m · 60 = 70200 m =
= 70,200 km
In einer Stunde legt er durchschnittlich 70,200 km zurück.

4. a)
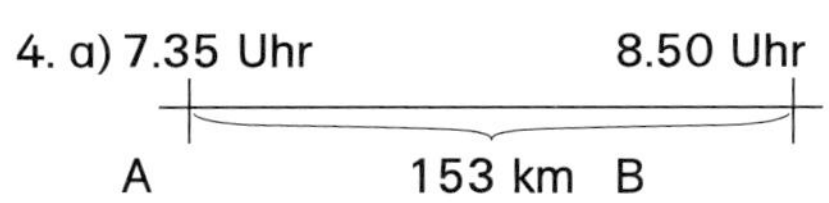

b) 1 h 15 min = 75 min

c) 153000 m : 75 = 2040 m =
= 2,040 km
Er legt 2,040 km pro Minute zurück.

d) 2040 m · 60 = 122400 m =
= 122,400 km
In der Stunde fährt er durchschnittlich 122,40 km.

5.
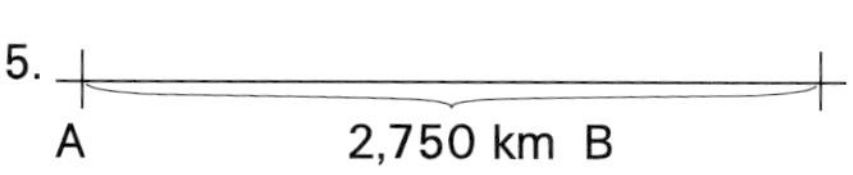

a) In 1 Minute schafft er weniger km als in 1 Stunde, nämlich:
15 km : 60 = 15000 m : 60 =
= 250 m = 0,250 km

b) 2,750 km : 0,250 km =
= 2750 m : 250 m =
= 275 m : 25 m = 11 min
Also braucht er für den Schulweg 11 Minuten.

c) Er muss spätestens um 7.34 Uhr aufbrechen.

Seite 116

Um eine gegebene Zahlenfolge fortsetzen zu können, muss man ihr Bildungsgesetz ermitteln. Versuche, durch Vergleichen der Zahlen eine Gesetzmäßigkeit zu finden. Hast du das Bildungsgesetz herausgefunden, kannst du beliebig viele Zahlen der betreffenden Folge berechnen.

1. a) um 5
b) 30, 35, 40, 45

2. a) Sie werden um 9 kleiner.
b) 45, 36, 27, 18

3. a) 3 + **2** = 5 → 5 + **3** = 8 →
→ 8 + **4** = 12 → 12 + **5** = 17
Beachte: Hier wachsen die Zahlen nicht immer um denselben Wert.

b) 17 + **6** = 23 → 23 + **7** = 30 →
→ 30 + **8** = 38 → 38 + **9** = 47

4. a) 100 − **5** = 95 → 95 − **6** = 89 →
→ 89 − **7** = 82 → 82 − **8** = 74
Jetzt musst du immer subtrahieren. Dabei wächst der abzuziehende Betrag von Zahl zu Zahl um 1.

b) 74 − **9** = 65 → 65 − **10** = 55 →
→ 55 − **11** = 44 → 44 − **12** = 32

Seite 117

5. a) Man muss immer mit 2 multiplizieren:
2 · 2 = 4 → 4 · 2 = 8 → . . .

b) 64, 128, 256

6. a) Hier musst du mit 3 multiplizieren:
2 · 3 = 6 → 6 · 3 = 18 → . . .

b) 162, 486, 1458

7. Die Zahlenfolgen 7 und 8 sind komplizierter gebaut. Sie bestehen aus zwei verschiedenen Folgen, deren Zahlen abwechselnd angeordnet sind. Du musst also zwei Bildungsgesetze finden.

   a) Für die erste, dritte, fünfte Zahl: mit 2 multiplizieren
   Für die zweite, vierte, sechste Zahl:
   2 subtrahieren

   b) 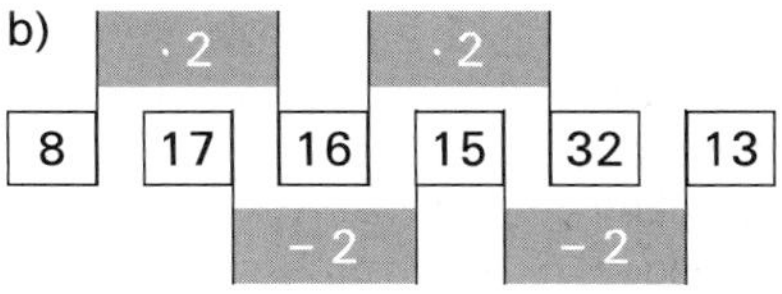

8. a) Erste, dritte, fünfte Zahl: mit 3 multiplizieren
   zweite, vierte, sechste Zahl:
   5 subtrahieren

   b) 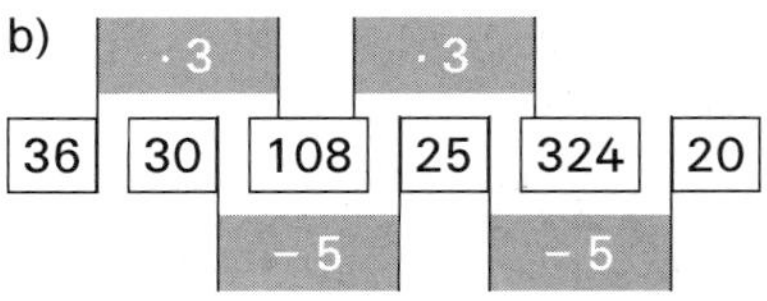

Seite 118

1. 77, 66, 55, 44. Zahlen nehmen um 11 ab.

2. 30, 36, 42, 48. Zahlen wachsen um 6.

3. 9, 3, 1. Zahlen durch 3 teilen.

4. 18, 24, 31, 39. Zahlen wachsen um 2, dann um 3, dann um 4 usw.

5. 24, 15, 5. Zahlen nehmen um 5, 6, 7, 8 usw. ab.

6. 24, 10, 48, 5. Kombinierte Zahlenfolge: In der ersten Folge verdoppeln sich die Werte (3, 6, 12), in der zweiten Folge halbieren sich die Werte (80, 40, 20).

7. 20, 15, 25, 18. Kombinierte Zahlenfolge: In der ersten Folge wachsen die Werte um 5 (5, 10, 15), in der zweiten um 3 (6, 9, 12).

8. 17, 21, 20, 24. Kombinierte Zahlenfolge: In der ersten und zweiten Folge wachsen die Werte jeweils um 3 (8, 11, 14); (12, 15, 18).

Seite 119

Bei diesen Aufgaben findest du die Lösungen durch Probieren. Setze für x nacheinander die Zahlen 1, 2, 3, ein. Nur so kannst du sicher sein, dass du keine Lösung vergessen hast. Auch wenn du die Lösung direkt siehst, solltest du sie durch Einsetzen überprüfen.

1. a) x = 5
   b) x = 1, 2, 3, 4, 5, 6

2. a) 1, 2, 3, 4, 5 c) 1, 2, 3, 4
   b) 2 d) 4

3. a) 1, 2, 3, 4, 5 c) 5
   b) 6 d) 1, 2, 3, 4

4. a) 4 c) 5
   b) 1, 2, 3 d) 1, 2, 3, 4

Seite 120

1. a) 4 · x + 5 = 21
   das Vierfache der Zahl x | 5 hinzugezählt | erhalte ich 21

   b) x = 4

2. a) 5 · x − 10 = 15
   b) x = 5

3. a) 10 · x − 20 = 30
   b) x = 5

4. 3 · x − 4 = 20; x = 8

Seite 123

1. Betrag für den alten Wagen

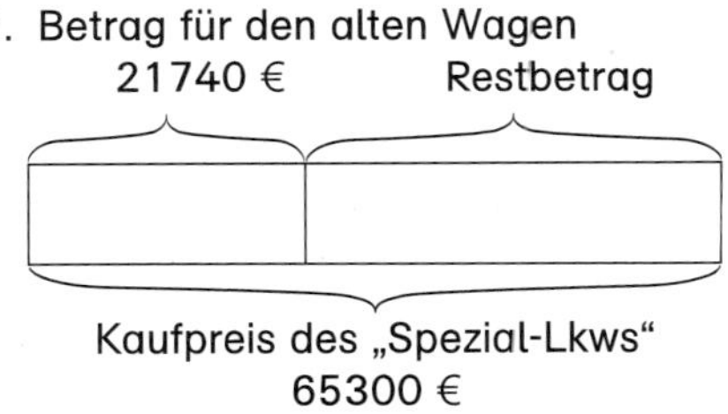

Den Restbetrag errechnest du so:
65300 € − 21740 € = 43560 €
Um eine Monatsrate zu ermitteln musst du so rechnen:
43560 € : 18 = 2420 €

2.

25	27,500 kg	30	22,500 kg	20	81,875 kg
687,500 kg		675 kg		1637,500 kg	
3000 kg					

1. Schritt: 27500 g · 25 =
= 687500 g = 687,500 kg

2. Schritt: 22500 g · 30 =
= 675000 g = 675 kg

3. Schritt: Berechnung des Gesamtgewichts der Kisten der 3. Sorte: 3000000 g − 687500 g − − 675000 g = 1637500 g =
= 1637,500 kg

4. Schritt: Gewicht von 1 Kiste:
1637500 g : 20 = 81875 g =
= 81,875 kg

Eine Kiste der 3. Sorte wiegt 81,875 kg.

3. 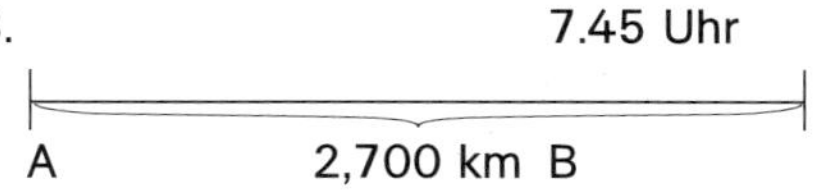

   a) 4500 m : 60 = 75 m = 0,075 km
   Er geht 0,075 km in einer Minute.

   b) 2,700 km : 0,075 km =
   = 2700 m : 75 m = 36, also braucht er für den Schulweg 36 Minuten.

   c) Du musst von 7.45 Uhr 36 Minuten zurückrechnen.
   (45 − 36 = 9)
   Ingo muss um 7.09 Uhr aufbrechen.

4. a) Kombinierte Zahlenfolge:
   In der 1. Folge wachsen die Werte um 4, in der 2. Folge ist mit 4 zu multiplizieren.
   320, 20, 1280, 24

   b) Kombinierte Zahlenfolge:
   Die Zahlen der 1. Folge wachsen immer um 5, die der 2. Folge um 3.
   22, 19, 27, 22

5. a) 3 b) 1, 2

Seite 125

1. a) 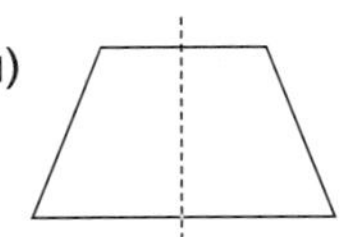
   b) 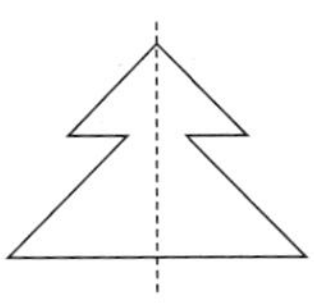
   c) 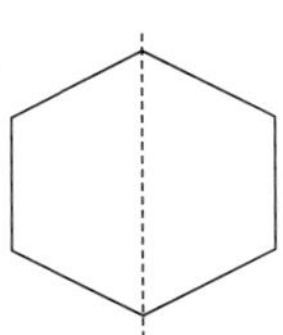

2.

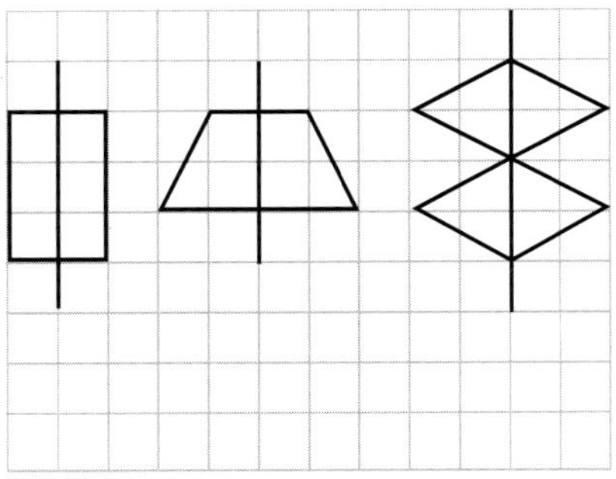

3. a) ja b) nein c) ja

4. a)

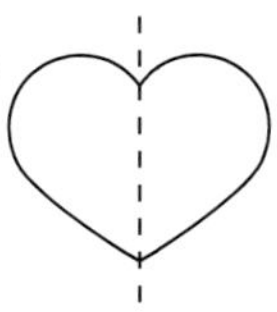

b)

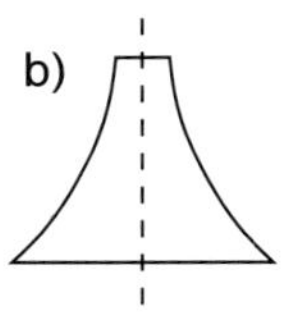

a) und b) sind symmetrisch.

Seite 126

1. ja, ja

2. ja, nein, ja

Seite 127

3. a)

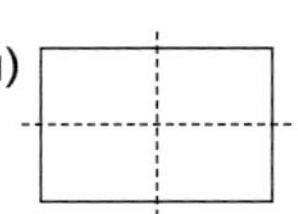

b)

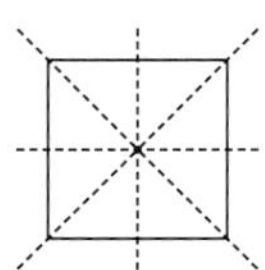

4. 12 Fliesen, 16 Fliesen, 8 Fliesen

5.

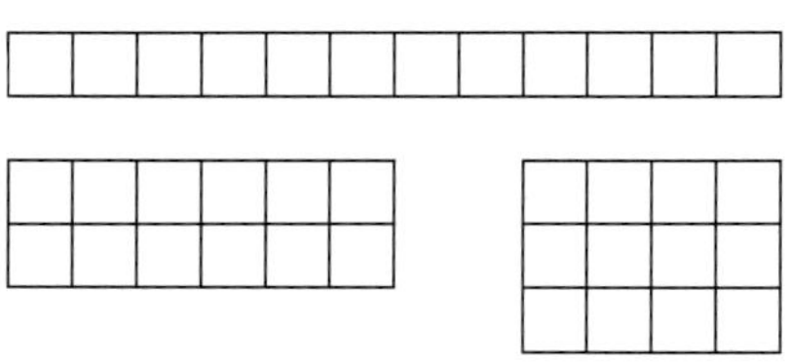

Seite 129

1. a)

b)

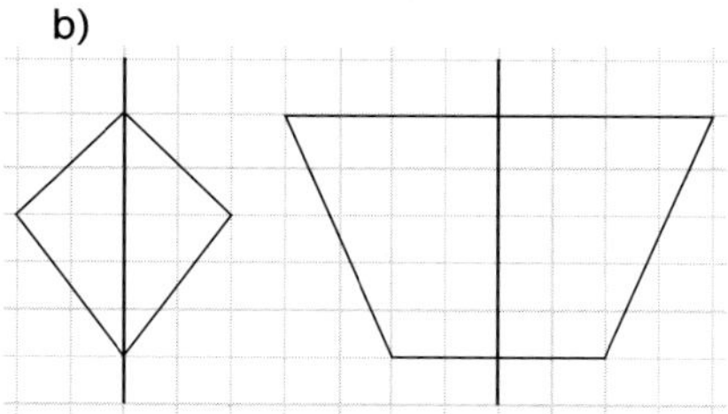

2. a)

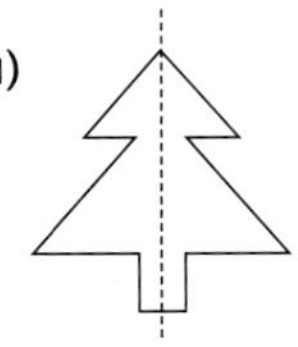

c)

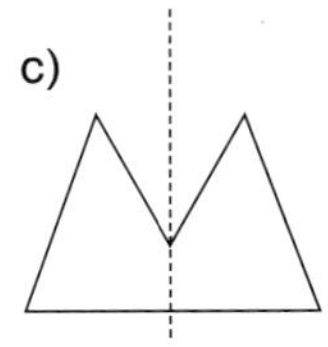

a) und c) sind symmetrisch.

3. Nur bei a) und c).

4.

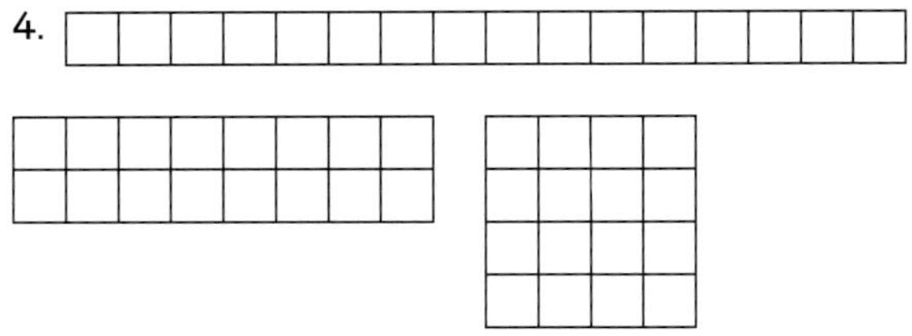

Für deine Rechnungen

Für deine Rechnungen